The stories of the Kosoado woods.

水の森の秘密

岡田 淳

理論社

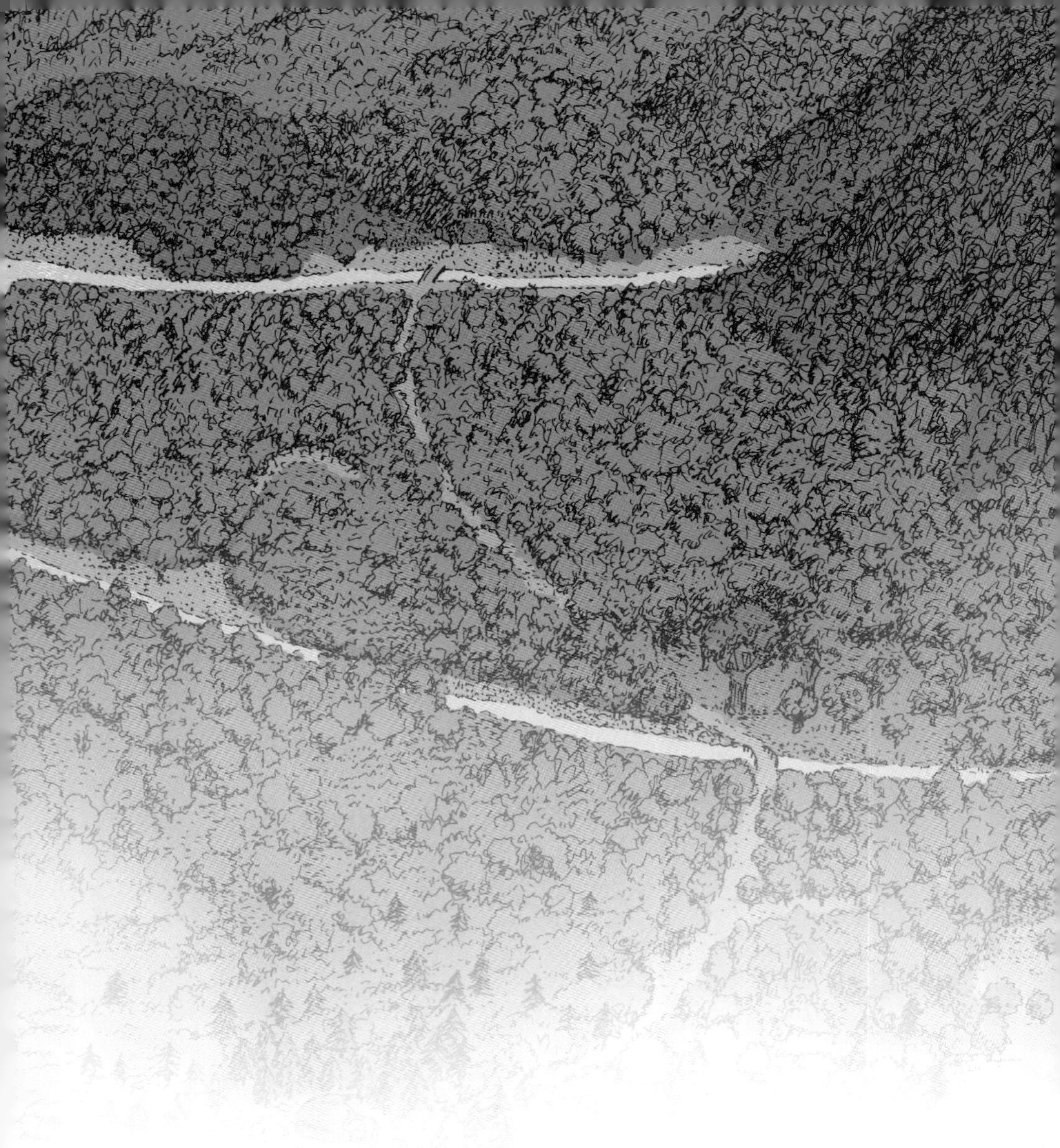

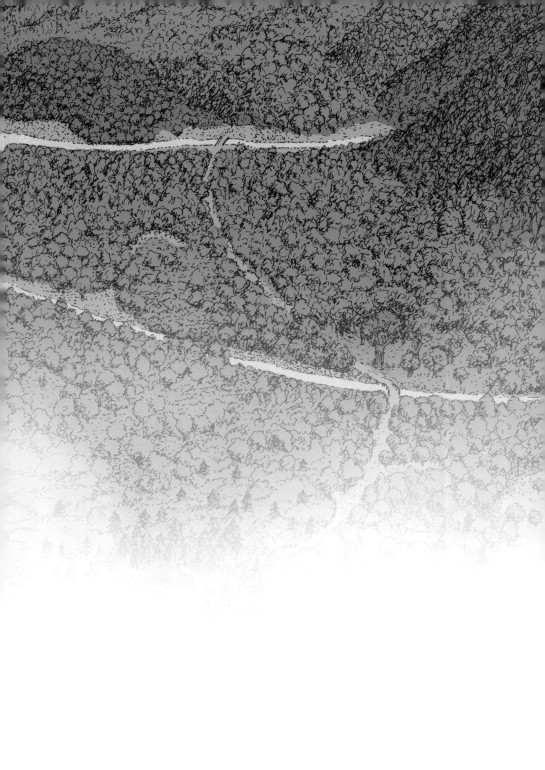

この森でもなければ
その森でもない
あの森でもなければ
どの森でもない
こそあどの森　こそあどの森

スキッパーは博物学者《はくぶつがくしゃ》の**バーバさん**といっしょにくらしているが、バーバさんはしょっちゅう旅《たび》に出《で》かけるので、ほとんどひとりぐらし。家《いえ》はウニをのせた船《ふね》のように見《み》えるのでウニマルとよばれている。

スキッパーは本《ほん》を読《よ》んだり、化石《かせき》をながめたり、星《ほし》を見《み》たりするのがすき。ウニマルのトゲの一本《いっぽん》は望遠鏡《ぼうえんきょう》(＊)だがそれは北《きた》の星《ほし》をながめるために使《つか》う。

トワイエさんは作家《さっか》。木《き》の上《うえ》の屋根裏部屋《やねうらべや》にすんでいる。この家《いえ》は嵐《あらし》でどこかからとんできた。

トワイエさんは物語《ものがたり》のアイデアを思《おも》いついたら、わすれないように、その場《ば》でメモをする。

スミレさんと**ギーコさん**は丘《おか》に半分《はんぶん》うもれたガラスびんの家《いえ》にすんでいる。

姉《あね》のスミレさんはハーブにくわしい。森《もり》でいろんな草《くさ》を採《と》ってくる。弟《おとうと》のギーコさんは大工《だいく》さん。大《おお》きな仕事《しごと》は作業小屋《さぎょうごや》で、小《ち》さな仕事《しごと》はガラスびんの家《いえ》でする。

こそあどの森にすむひとたち

ふたごは湖《みずうみ》の島《しま》にある巻《ま》き貝《がい》の家《いえ》に すんでいる。
くらしのほとんどが遊《あそ》び。食《た》べるものも おかしのようなものばかり。自分《じぶん》たちの名前《なまえ》さえ 気分《きぶん》しだいで ときどきかえてしまう。ヨットをあやつるのは とてもじょうず。

ポットさんと**トマトさん**は夫婦《ふうふ》。
ふたりは 湯わかしの家《いえ》に すんでいる。ポットさんは畑仕事《はたけしごと》が、トマトさんは料理《りょうり》がすき 。ふたりで森《もり》に木《き》の実《み》やきのこを採《と》りにいく。どっさり採《と》れたら、干《ほ》して地下室《ちかしつ》にためておく。
湯《ゆ》わかしの家《いえ》には大《おお》きなテーブルがあって、ふたりはもてなしずきだから、森《もり》のみんなは、この家《いえ》によく あつまる。

もくじ

1　プニョプニョタケのパーティー

七月の、ある日のことです。

こそあどの森にすんでいるおとなも子どもも、湯《ゆ》わかしの家に集《あつ》まっていました。湯《ゆ》わかしの家は、そそぎ口を上にした湯《ゆ》わかしを、半分ほど土にうめたかたちをしていて、ポットさんとトマトさんの夫婦《ふうふ》がすんでいます。ふたりはもてなし好《ず》きで、広い部屋《へや》には、おおきなテーブルがあります。

そのおおきなテーブルのまわりに、ポットさん、ギーコさんとスミレさん、トワイエさん、ふたごの女の子、スキッパーがすわっていました。それぞれの前におかれたお皿《さら》に、トマトさんがスープを配《くば》っています。

「ああ、いいにおいですね」

トワイエさんがいいました。ふたごがぶんぶんとうなずきます。

スキッパーも、このなんともいえないにおいに、こころをうばわれました。

——なんのにおいだろう?

いままでに、かいだことのないおいしそうなにおいです。

「どうぞ、めしあがれ」

配《くば》りおわって席《せき》についたトマトさんの声で、みんなはスプーンを手にとりました。

スキッパーはひとさじすくって口にふくみ、目をまるくしました。これはなんといえばいいのでしょう。こんなに夢《ゆめ》のような、しあわせな味《あじ》があったなんて……！

「おいしい！」

「こんなの、はじめて！」

ふたごがさけぶようにいいました。

「これは……、まるで……」トワイエさんが、そこまでいって、ぐっとつまって、

「んん、ことばになりません」と首をふりました。そしてもうひと口のんで、「もしかして、このスープには、うーん、そう、バターとレモン……も、その、すこし、つかっているのでしょうか？」

と、いいました。

なるほど、バターとレモンか、そんな味《あじ》かもしれないと思ったスキッパーも、う

なずきました。

「それが、つかっていないの。バターもレモンも」

トマトさんがうれしそうにこたえました。トワイエさんはスキッパーと顔を見あわせました。

スープには、やわらかいゼリーのようなものがはいっています。スキッパーはそれをすくい、口にふくんで、かんでみました。ちゅるんと歯《は》がとおると、とろけるようなおいしさが、口のなかにあふれて、広がります。

「ほんとにおいしい！」

「こんなの、ほんとにはじめて！」

ふたごがもういちどさけんでいます。スキッパーもスプーンをはなせません。まだのみおわっていないのに、のみおわるのがおしいと思いました。

トワイエさんがたずねました。

「こ、この、スープにはいっているものは、その、なんでしょうか？」

「おどろいたろう?」ポットさんがうれしそうにいいました。「それがなんだか聞いたら、もっとおどろくよ」

みんながスープをのみおわるのをまって、トマトさんが立ち上がり、むこうにおいていたかごを持《も》ってきました。そしてなかから、めだたない色をした、ちいさめのリンゴぐらいのおおきさのものを、ひとつとりだしました。

「これなの」

「え?」

トワイエさんとふたごとスキッパーは、目をおおきくしました。

「それ、プニョプニョタケ?」

「あの、プニョプニョタケ?」

ふたごがさけんで、腰《こし》を浮《う》かしました。

「そう、あの、プニョプニョタケ」

ポットさんがうなずくと、

「えぇー!?」

ふたごがおおげさな声でおどろきました。そんな声をだしたらスミレさんが顔をしかめるんじゃないか、とスキッパーはスミレさんの顔を見ました。でもスミレさんはにこにこしています。

プニョプニョタケといえば、食べられないキノコのはずです。湖《みずうみ》や川の近くにはえるキノコで、柄《え》の先にまるい傘《かさ》、というより頭、があって、頭には突《つ》き出《で》たところがいくつもあります。ひっぱると柄《え》から頭だけポロリととれます。ところがその頭の部分《ぶぶん》ときたら、まるでゴムボールのようで、料理《りょうり》をするどころか、切ることすらできません。ナイフの刃《は》をグニグニと押《お》しかえしてくるだけなのです。煮《に》ても焼《や》いてもかわりません。プニョプニョタケとは、そんなキノコだったはずです。

「んん、ギーコさんとスミレさんは、その、これがプニョプニョタケだと知っていたのですか?」

トワイエさんがふたりにたずねました。ギーコさんもスミレさんも、おどろいているようには見えなかったからです。

「知っているもなにも」とポットさんは秘密《ひみつ》をうちあけるように、いいました。

「このプニョプニョタケが食べられることを見つけたのは、スミレさんなんだ」

トワイエさんとふたごとスキッパーは、スミレさんを見ました。

「さあ、どうやって料理法《りょうりほう》を見つけたか、スミレさんから話してくれなくちゃ」

トマトさんにいわれて、スミレさんはハンカチで口もとをふいてから、話しはじめました。

「二週間ほど前のことよ。うちの前の川にそって、湖《みずうみ》のほうへ歩いていたの。すると、いままでかいだことのないにおいが、そう、なんともおいしそうなにおいがしてきたの。

なんのにおいだろうと思って歩いていくと、草むらのなかで、なにかががさわいでいて……。のぞきこんだら、ハリネズミとヒヨドリが、夢中《むちゅう》になって、なにかを

かじったりつついたりして食べているじゃない。それがなんと、プニョプニョタケだったの。

ナイフでも切れないはずのプニョプニョタケを、どうして食べられるんだろうって思ったわ。そのとき、はっと思いだしたの。その前の日のことを……。

その前の日、三日間ふりつづいた雨がやっとあがったので、たまった薪《まき》の灰《はい》を、捨《す》てにいこうと思って……」

この森では、どこの家でも料理《りょうり》には薪《まき》ストーブを使《つか》っています。薪《まき》を燃《も》やしてできた灰《はい》は、草や木の肥料《ひりょう》になるので、森にまくのです。スキッパーもそうしています。

「で、あたしは、灰《はい》をいれたバケツを持《も》って川岸《かわぎし》を歩いていて、うっかり木の根《ね》につまずいたの。さいわいころびはしなかったけれど、バケツをひっくりかえして、灰《はい》をどさ

っとまいてしまったわ。もうすこし遠くにまくつもりだったけど、まあここでもいいかと、そのままにしておいたわけ。その場所《ばしょ》というのが、ハリネズミとヒヨドリが食事《しょくじ》をしていたところだったの。

ということは、あの灰《はい》のせい……？って思ったわ。だってほかに思いあたることがなかったのよ。プニョプニョタケは雨でぐっしょりぬれていた。そこに、灰《はい》をどっさりかぶった。そのせいでなにかが変化《へんか》したのかも……。でも、そんなことがあるかしら……。そう思って、そのプニョプニョタケの近くまでいって、まじまじと見たの。ハリネズミやヒヨドリだけじゃなくて、ちいさな虫も集《あつ》まっていたわ」

スミレさんは、そのプニョプニョタケを半分だけもらう

ことにしたのだそうです。「頭のまるいところを、ふたつにわけようとしてひっぱると、さくっとちぎれたの。あのプニョプニョタケが、よ。ちぎれるとき、なんともいえない、おいしそうなにおいが、ふわあっとひろがったわ」
毒《どく》だときいたことはありませんが、いままでだれも食べたことがないのですから、ほんとうにだいじょうぶかどうか、あやしいものです。虫はともかく、ハリネズミとヒヨドリが食べているからだいじょうぶだろうけど、念《ねん》のため、持《も》ち帰《かえ》ったプニョプニョタケをひとかけらだけ、スープにして食べてみたのだそうです。
「もう、びっくりしたわ」と、スミレさんはみんなの顔を見まわしました。「わかるでしょ。とんでもなくおいしかったの。でも、ひと晩《ばんま》待ってみなくちゃと思ったわ。あと

できてくる毒《どく》もありますからね。それから三日たち、一週間たっても、からだはなんともなかったわ。
食べられるんだ、こんなにおいしいものが！　そう思うと、うれしくなっちゃって……」
そこでスミレさんは、こんどは、ほかの場所《ばしょ》へいってプニョプニョタケを採ってきたのだそうです。プニョプニョしているだけのゴムのような手ざわりで、なんの香《かお》りもなく、ひっぱってもちぎれないプニョプニョタケです。それを、灰《はい》をまぜたお湯《ゆ》にひと晩《ばん》つけておきました。すると翌朝《よくあさ》、なんともいえないおいしそうなにおいがして、手でちぎれるプニョプニョタケになっていた、というのです。
「で、これはトマトさんに教えてあげなければと思った、というわけなの」

長いスミレさんの話がおわると、ちぎったプニョプニョタケと香草《こうそう》をいためたものが出てきました。べつのお皿《さら》にパンもついています。パンにのせて食べるのです。

「これもおいしい！」

「こんなのも、はじめて！」

ふたごが、またおおきな声でいいました。

「いや、これはまた、いい味《あじ》がでていますね！」

といったトワイエさんは、うなずくギーコさんと目があいました。

「おや、ギーコさんも、こうやって食べるのははじめてなんですか？」

「はじめて食べる」

ギーコさんがいうと、トマトさんがうれしそうにうなずきました。

「わたしとスミレさんで、プニョプニョタケを使《つか》った料理《りょうり》をいろいろ考えたの。これもそのひとつ」

スミレさんがつづけました。

「とてもかんたんな料理《りょうり》もあるのよ。あとで教えてあげるから、たのしみにしておいて。トワイエさんやスキッパーにもつくれる料理《りょうり》とか……」

トマトさんがふたごのほうを見ながら、つけたしました。

「あなたたちがつくりたくなるデザートも考えたのよ」

つぎに出たプニョプニョタケステーキは、厚《あつ》めに切ったプニョプニョタケに塩《しお》をふって焼《や》いたものです。スープのときとはまたちがうおいしさです。クレソンのサラダもそえてあります。

「なるほど。うん、これなら、仕事《しごと》のあいまに、さっとつくれる」

と、トワイエさんはよろこびました。スキッパーも、ぼくにもつくれるなと思いました。

デザートは、プニョプニョタケの砂糖煮《さとうに》を冷《ひ》やしたものです。もちろんふたごは
「とってもおいしい！」

「こんなにおいしいの、はじめて！」

と、さけびました。

「ほんとはシャーベットにしようと思ったんだけど、このところうちの地下二階《かい》があまり冷《ひ》えないのよ」

と、トマトさんがいいました。湯《ゆ》わかしの家の地下二階《かい》は、夏でもシャーベットがつくれるほど冷《つめ》たいと、スキッパーも聞いたことがあります。

「地下でなにか変《か》わったことがおこったのかも……。でも」といって、トマトさんはふたごを見ました。

「あなたたちのところでも凍《こお》らせるのは無理だから、

シャーベットにならなくて、ちょうどよかったわね」

ふたごは
「これで、いい」

「これが、いい」

と、にこにこうなずきました。

プニョプニョタケは、水辺《みずべ》にいけばすぐに見つかりますし、料理用《りょうりよう》ストーブの灰《はい》はどの家にもあります。ですから、だれにでもかんたんに料理《りょうり》できます。

食べおわって、トワイエさんがいいました。

「いやあ、ぼくはヒトと食べものについての、その、すごい場面《ばめん》に、ええ、立ち会っているように思いますよ。んん、いままで食べられなかったものが、そう、ある工夫《くふう》で、おいしく食べられるようになる。これこそ、文化《ぶんか》というものですね、ええ」

「まあ、おおげさ」

スミレさんが肩《かた》をすくめました。

「いやいや」とポットさんがいいました。「これは自慢《じまん》していい。すごいことだと思うよ。そのすごい場面《ばめん》のために、ぼくもひと役《やく》かっているんだ。プニョプニョタケを集《あつ》めてきたんだからね。このプニョプニョタケのいいところは、保存《ほぞん》がきくってところでね、灰《はい》の汁《しる》につけさえしなければ、ずっともつ。だから、ぼくはたっぷりふた樽《たる》ぶんもプニョプニョタケを集《あつ》めたよ」

ポットさんはうれしそうでした。

トマトさんはスキッパーにメモをわたしてくれました。

「これは、スキッパーのための料理法《りょうりほう》よ。トマトスープの缶《かん》づめをなべにあけて、ちぎったプニョプニョタケをいれるだけ。やってみて」

スキッパーは、

――よし、ぼくもあしたプニョプニョタケを採《と》りにいくぞ。

と、思いました。

2　せっかくつくったのだから

それから二か月ほどたった、九月のことです。

その日は、ガラスびんの家で、こそあどの森にすむおとなたちが、いっしょに食事《しょくじ》をすることになっていました。

ガラスびんの家は、おおきなガラスびんが、うしろの丘《おか》に半分うまっている家です。うまっていないところが窓《まど》で、窓《まど》にはツタがしげっています。ガラスびんの家には、スミレさんとギーコさんがすんでいます。ふたりは姉と弟で、スミレさんは薬草《やくそう》のことにくわしくて、ギーコさんは大工《だいく》さんです。

その日の午前中、スミレさんはほしぶどうとハーブいりのミートパイをつくり、ギーコさんは部屋《へや》にかざる花をつみにでかけました。

ポットさんとトマトさん、そしてトワイエさんが、バスケットや袋《ふくろ》、紙包《かみづつ》みをかかえてやってきたのは、お昼前です。

「こりゃあ、なんだろう」

と、入り口で足をとめ、ポットさんがいいました。

入り口の横《よこ》に、ずんぐりとしたおおきな円柱形《えんちゅうけい》のものが、防水布《ぼうすいふ》でくるんであったからです。

「うーん、おおきくてまるい……。テーブル、でしょうか……」

と、トワイエさんが首をひねりました。

「風呂桶《ふろおけ》かもしれないな」

と、ポットさんがいいました。

「なんにせよ、家にはいらなかったから、おもてにおいてあるのよ。きっと」

と、トマトさんがいったとき、ドアがあいてギーコさんが顔を出しました。

「それがなにかは、あとで話すということで……」

と、ギーコさんはみんなを招《まね》きいれました。話し声が聞こえていたようです。

三人は入り口をはいったところで、ギーコさんが用意《ようい》したスリッパにはきかえました。それまで三人ともゴムの長靴《ながぐつ》をはいていたのです。

さっそく食事《しょくじ》がはじまりました。

まず、トワイエさんが持《も》ってきたワインで乾杯《かんぱい》しました。つぎに、トマトさんがつくったトマトとレタスのサラダが出ました。そしてスミレさんがつくったハーブのきいたプニョプニョタケのスープと、ほしぶどうとハーブいりのミートパイ、さいごにポットさんが運《はこ》んできた冷《つめ》たいイチジク、とつづきました。

食後のコーヒーをのみながら、どれもすばらしくおいしかったと、みんなはいいあいましたが、ポットさんは残念《ざんねん》そうに、首をふりました。

「いや、ぼくはイチジクでシャーベットをつくろうと思ったんだが、最近《さいきん》うちの地下二階《かい》があんまり冷《ひ》えなくてね。凍《こお》らなかったんだ」

「二か月前も、たしか、そう、トマトさんがそんなことをいっていましたね」

と、トワイエさんがいうと、ギーコさんが腕《うで》をくんで、

「なにかが、おかしい……」

と、首をひねりました。

「ああ、ここ何十年も地下二階《かい》が冷《ひ》えないなんてことはなかった」

ポットさんがうなずくと、ギーコさんは
「うん、それに……」

と、いいかけました。それに?と、みんなはギーコさんの顔を見ました。

「いや、きょうのためにかざる花をつみにいったんだが……」

ギーコさんが話しはじめると、トマトさんがかざってある花をふりかえって、
笑顔《えがお》でいいました。

「きれいな花じゃないの。なんていう花?」

ギーコさんはまじめな顔でこたえました。

「サワシロギク」

「それが?」

ポットさんがうながし、ギーコさんがつづけました。

「うん。ぼくは、毎年九月の集《あつ》まりにはコスモスをかざると、決《き》めていたんだ。け

れど、さがしても、どこにもコスモスがない。さいていたのは、このサワシロギクだけ。これは湿地帯《しっちたい》にさく花なんだ」

「そういえば、見ないな、コスモス」

ポットさんがうなずき、ギーコさんがつづけました。

「前にみんなでサクラを見にいった窪地《くぼち》をおぼえているかな。あのサクラの窪地《くぼち》、いまは水がたまっている。池のなかにサクラの木が一本立っているんだ。みょうなけしきだ。それになによりも、地面《じめん》。スポンジみたいに、歩くたびに水がしみ出してくる。ゴムの長靴《ながぐつ》でなければ歩けない」

みんな、「たしかに……」と、うなずきあいました。

「おかしい、といえば」トワイエさんがいいました。「夏の暑《あつ》さと大雨、この何年か、んん、ひどいですね。とくに、そう、今年《ことし》はひどかった」

「おかしい、といえば」ポットさんも同じようにいいました。「最近《さいきん》、ネズミやヘビが穴《あな》から出て、移動《いどう》しているのをよく見かけないかい」

トワイエさんが、「あ」と思いだしました。

「三、四日前に、いっせいに、山の上のほうに走っていくネズミを、何十匹《なんじっぴき》も見ました。ええ」

「なにかの異変《いへん》を感《かん》じているのかもしれないな……。それと同じかどうかわからないけど、ねえさんも、なにか感《かん》じているみたいなんだ」

ギーコさんがいうと、あ、その話をするの？という顔をして、スミレさんはちいさくためいきをつきました。

「おもてにあるおおきなものは……」

と、ギーコさんがいったとき、ポットさんもトマトさんもトワイエさんも、そうそう、その話を聞くんだった、と思いだしました。ギーコさんは、みんなの顔を見まわしていいました。

「あれは、コルクなんだ」

「コルク……？」

ポットさんがくりかえします。

「ガラスびんの家で……、んん、コルクというと……、まさか、その……」

トワイエさんが口ごもると、ギーコさんはうなずきました。

「その、まさか、なんだ」

「ええ?」トマトさんが口をあんぐりあけました。「びんの……家の……、栓《せん》なの?」いったあとで笑《わら》いだしました。

ポットさんもトワイエさんも笑《わら》いかけたのですが、ギーコさんとスミレさんがまじめな顔をしているので、笑《わら》えませんでした。やがて、トマトさんもまじめな顔になりました。

みんながまじめな顔になったところで、ギーコさんが話しはじめました。

「先月、巨大《きょだい》コルクが手にはいったんだ。ぼくは揺《ゆ》り椅子《いす》をつくろうと思ったんだけど、そのコルクを見たとたん、ねえさんが、家の栓《せん》をつくらなきゃいけないっていったんだ」

「どうして、家の栓《せん》をつくらなきゃいけないの?」

トマトさんがちょくせつスミレさんにたずねました。

「ううん……」スミレさんはすこし首をかしげていいました。「どうしてかといわれても……。とにかく、そう思ったのよ。つよく、そう思ったの」

トワイエさんが首をかしげながら、たずねました。

「あのう、ワインの栓《せん》なら、その、ワインがこぼれないために、それから、そう、そとの空気がワインにふれないように、という役目《やくめ》をしていますよね。スミレさんの、その、家の栓《せん》というのは、なにかをとじこめるためのものですか? それとも、なにかがはいってこないためのものですか?」

スミレさんも首をかしげました。

「それが、わからないのよ。とにかく、栓《せん》をつくらなきゃいけないって思っただけで……」

うーん、とみんな考えこんでしまいました。

「スミレさんは、んん、ときどき、わかるはずのないことを、その、わかることがありますからねえ」

みんなが思っていることを、トワイエさんが代表《だいひょう》していいました。そんなことがなんどかあったのです。いまトワイエさんがすんでいる木の上の屋根裏部屋《やねうらべや》が、たつまきでこの森に飛《と》んでくる前にも、スミレさんは、なにかおおきなプレゼントがトワイエさんにとどくような気がする、といっていました。

「でも、おおさわぎして、なにもおこらなかったこともあるわ」

スミレさんが小声でいうと、

「あった、あった」と、トマトさんがうなずきました。「ピクニックに出かけていて、『どしゃぶりの雨になる』ってスミレさんがいうものだから、みんなおおいそぎで帰ったら、全然《ぜんぜん》ふらなかったってことがあったわね」

スミレさんはちろりとトマトさんを見て、肩《かた》をすくめました。

ギーコさんがつづけました。

「ぼくもそんなものが必要《ひつよう》になるとは思えなかったんだけどね、家の栓《せん》をつくってねえさんが落《お》ち着《つ》くんだったらと思って、揺《ゆ》り椅子《いす》をあきらめた」

「ねえ！」スミレさんがきゅうに背筋《せすじ》をのばしていいました。「きょうは人手《ひとで》もあることだし、いまから、家に栓《せん》をしてみない？」

――え？

と、みんなはスミレさんの顔を見ました。スミレさんは、なんだかいきいきとしています。

いちばん笑《わら》ったトマトさんが賛成《さんせい》しました。

「おもしろいじゃない。せっかくつくったんだから、やってみましょうよ。いちども使《つか》われないなんてことになったら、コルクもかわいそうだわ」

「あのう……」ポットさんがスミレさんを見て、たずねました。「栓《せん》をするのは、そとからだよね。栓《せん》をしたひとは、ずっとそとにいるのかい？」

「あ、それはだいじょうぶ」ギーコさんがうなずきました。「この家には、あかりとりをかねて、空気抜《くうきぬ》きの穴《あな》がいくつかあるんだ。そこからはいってこられる」

「その穴《あな》は、わたしも通れる？」

トマトさんがたずねました。

「通れると思うけど……」

ギーコさんはトマトさんを見て、いいました。

「きょうのところは、ぼくたち男連中《れんちゅう》が栓《せん》をしようか」

「じゃあ、あたしたちは空気抜《くうきぬ》きの穴《あな》の扉《とびら》をあけておくわ。二階《かい》の物置部屋《ものおきべや》の空気抜《くうきぬ》きがいいわね」

スミレさんが立ち上がりました。

「え、いますぐに、かい？」

ポットさんが、残《のこ》っていたコーヒーをいそいでのみました。

3

ポットさんは床《ゆか》を救《すく》う

ギーコさんとポットさんとトワイエさんは、ゴム長靴《ながぐつ》にはきかえて、ドアのそとに出ました。

「水っぽい地面《じめん》には、にあわないほど、うん、いい天気ですねえ」

トワイエさんがつぶやきました。たしかに、気持《きも》ちのいい青空です。

ギーコさんが防水布《ぼうすいふ》をとると、コルクがあらわれました。それはまさしくびんの栓《せん》でした。

「これ、けずってつくったのかい？」

と、ポットさんがいうと、ギーコさんはうなずきました。

「びんの口をはかって、けずって、みがいて、ね。すこしおおきめにつくってある」

「おおきめだと、その、はいらないんじゃ、ないですか？」

トワイエさんが首をかしげると、ポットさんがいいました。

「コルクの栓《せん》というものは、おおきめでちょうどいいんだよ」

三人はコルクの栓《せん》を、びんの口にあて、ちからをあわせて押《お》しこみました。すこしだけはいりました。ぴったりのかたちです。

「もっとはいるはずなんだ」

ギーコさんがいって、三人はもっとちからをこめました。体重《たいじゅう》をかけてぐっと押《お》すと、びんの口にはいりこむコルクがこすれて、キュッと音がします。

ぐっ、キュッ、ぐっ、キュッ、ぐうっ、キュウッ、ぐぐうっ、キュキュウッ……。

なんどもちからいっぱい押《お》しこんだので、もう、ぐぐうっと押《お》しても、すこしもはいらなくなりました。

「これでいいだろう」

と、ギーコさんがうなずきました。

「いやいや、うまくぴったりにつくれるものですねえ、ええ」

トワイエさんが感心《かんしん》しました。

三人がガラスびんの家におおいかぶさっている丘《おか》をのぼると、いちばん手前の空《くう》

気抜《きぬ》きの穴《あな》のふたがあいていました。スミレさんがあけておいてくれたのです。ふたは二重《にじゅう》になっていて、雨や雪をふせぐ屋根《やね》の下に、虫や動物《どうぶつ》がはいらないよう網《あみ》戸《ど》がついていています。

三人は、穴《あな》のなかについているはしごを通って、物置《ものおき》におりていきました。最後《さいご》にギーコさんがふたを閉《し》めて、おりました。物置《ものおき》の床《ゆか》には、はきかえられるように、スリッパが用意《ようい》されていました。

「こんな感《かん》じになるのね」

スミレさんがうれしそうにいいました。

「こんな感《かん》じって……、さっきと変《か》わらないように思うがなあ」

ポットさんが肩《かた》をすくめました。ここからドアを見ても、ドアの窓《まど》にコルクが見えているだけなのです。

「さっきと全然《ぜんぜん》ちがうわよ」

スミレさんだけがうれしそうです。

三人がコルクを押《お》しこんでいたあいだに食器《しょっき》がさげられ、ハーブティーの用意《ようい》ができていました。

「どうぞ」

と、トマトさんが、持《も》ってきたクッキーを出しました。

「これで、わたしたちは〝ふたをされたびんのなかのジャム〟のようなものね」

と、スミレさんが、たのしそうにいいました。

そのとき、トワイエさんが、

「ああっ！」

と、声をあげました。トワイエさんは窓《まど》のそとを見ています。みんなも窓《まど》のそとを見ました。

「あ……！」

「お……！」

だれもが、ことばにならない声をあげました。

さっき三人がコルクの栓《せん》をしたときは、まだ地面《じめん》に緑《みどり》の草が見えていました。

それがいつのまにか、あたり一面《いちめん》、水になっているのです。しかも、水はじっとしていません。

「あっちからも、こっちからも、水が……、わきでている……！」

トマトさんがのどの奥《おく》でつぶやきました。

「そこらじゅうが、泉《いずみ》のようだ……！」

トワイエさんがぼうっとした調子《ちょうし》で、つづけました。

ガラスびんの家から川までのあいだだけでも、十か所以上《しょいじょう》の場所《ばしょ》から水が湧《わ》きあがっているのです。

湧《わ》きあがった水はもりあがって広がり、川に流《なが》れこみます。つぎからつぎにあたらしい水が湧《わ》きあがって、つぎからつぎに川に流《なが》れこんでいるのです。

しばらくのあいだ、みんなは口もきけずに、湧《わ》きあがり、流《なが》れる水を見ていました。

「こんなことがおこるなんて……」

ようやく、ポットさんがつぶやきました。

「ど、どうして、こんなことに、なるのでしょう」

トワイエさんもつぶやきましたが、だれもこたえられません。

「これは、このあたりだけのことだろうか」

ポットさんが低《ひく》い声でいうのを聞いて、ギーコさんが二階《かい》へいく階段《かいだん》をのぼって、遠くを見ました。

「むこう岸《ぎし》でも……」ギーコさんがそこでことばをきって、「お！」と声をあげました。

いままで水が流《なが》れこんでいた川がいっぱいになって、あふれ、そのあたりに水がたまりはじめたのです。

「ということは……」トワイエさんが、自分でも信《しん》じられないという調子《ちょうし》でいいました。「ここまでずうっと、湖《みずうみ》になってしまった、ということですか」

トワイエさんのことばで、みんなは、これはたいへんなことがおこっているのだと思いました。トワイエさんはつづけました。

「でも、栓《せん》をしたのですから、このガラスびんのなかには、水は、その、どこからも、んん、はいってこないわけですね。ええっと……、その、すくなくとも、いまのところは」

それを聞いてギーコさんが、

「あ！」

と声をあげ、炊事場《すいじば》と風呂場《ふろば》、それからトイレの排水《はいすい》のバルブを、あわててしめにいきました。水を流《なが》す穴《あな》から、水がはいってくるかもしれないからです。

もどってくると、ギーコさんはみんなにいいました。

「このあと水を流《なが》す用事《ようじ》は、すべて空気穴《くうきあな》をのぼって、そとでやってもらわなければいけないね」

「びんづめのジャムになるっていうのも、その、不便《ふべん》なものですね」

と、トワイエさんがいいましたが、だれも笑《わら》いませんでした。

水はどんどん増《ふ》えていきます。

「スキッパーやふたごはどうしているかしら……」

トマトさんがつぶやきました。

「心配《しんぱい》だけど、見にいくわけにはいかないな」ギーコさんもつぶやくようにいいました。「この水じゃ、足をとられてしまう」

みんながあっけにとられているうちに、どんどん水かさは増《ふ》えてきて、とうとう窓《まど》のところまで水面《すいめん》がきました。

「スミレさん！」思いだしたようにポットさんがいいました。「こうなるって、わかっていたのかい？」

そうです。もしもコルクの栓《せん》をしていなければ、いまみんなは家のなかで、ひざのあたりまで水につかっていたところだったのです。

みんなの視線《しせん》をうけて、スミレさんは白い顔で左右に首をふりました。スミレさんがいちばんおどろいているように見えました。

「あたしは、ただ、どうしてかわからないけど、栓《せん》をしなくちゃって思ったの。こうなることがわかっていれば、たとえひとさわがせっていわれても、みんなにいってるわ」

「そりゃ、そうですね。ぼくのところは、そう、木の上ですけど、湯《ゆ》わかしの家なんかは……」

トワイエさんがそういったとたん、ポットさんはきっぱりといいました。

「ぼくはいますぐ、うちに帰る」

そして、空気穴《くうきあな》にむかう階段《かいだん》のほうへ行きかけました。

「だめ！」

「だめよ！」

「だめです！」

「むりだ！」

ほかの四人が同時にいって、ポットさんをとめました。

ポットさんの顔が、赤くなりました。

「だって、ぼくはきょう家を出るときに、地下室が湿《しめ》っぽくなっているから空気をいれかえようと思って、地下室の入り口をあけたままにしてきたんだ。いまごろきっと地下室に水が流《なが》れこんでいるよ！」

「いかないでちょうだい！」

と、トマトさんがいいました。

「きみがだいじにたくわえているものが、だめになっちゃうんだよ！」

と、ポットさんがいいかえしました。

「そんなものはいいの！」

と、トマトさんがいいました。

「ここにいれば、安全《あんぜん》よ」

スミレさんがいうと、トワイエさんもうなずきました。

「スミレさんが安全《あんぜん》だということは、その、安全《あんぜん》なんです。ええ」

「しかし……」

というポットさんに、ギーコさんがしずかにいいました。

「ぼくだって、どれほど作業小屋《さぎょうごや》においてあるものが気になるか……。つくりかけの椅子《いす》、のこぎり、かなづち、のみ、材料《ざいりょう》の木材《もくざい》、釘《くぎ》、図面《ずめん》や筆記用具《ひっきようぐ》……。ぬらしたくないものばかりだ。でも、もう……、全部《ぜんぶ》ぬれてしまっただろうな……」

ポットさんはうなだれて、椅子《いす》にすわりました。

「それに」と、ギーコさんがつづけました。「もしも湯《ゆ》わかしの家の地下室の入り口がしまっていたら、床《ゆか》にたまっていく水の重《おも》さで床《ゆか》がこわれてしまうと思うよ」

ポットさんは、ためいきをついていいました。

「すると、ぼくは、床《ゆか》を救《すく》ったわけだ……」

「そうよ、ポットさん。床《ゆか》を救《すく》ってくれて、ありがとう」

トマトさんがしゃがんで、ポットさんにキスしました。

4 プルンとキラリ

湖《みずうみ》の島《しま》に、巻《ま》き貝《がい》のかたちの家があります。すんでいるのはふたごの女の子です。どんな女の子たちかというと、ヨットの操縦《そうじゅう》がじょうずで、お菓子《かし》のようなものばかり食べ、遊《あそ》びのようなくらしをしている女の子たちです。自分たちの名前さえ、ときどき変《か》えてしまいます。いまはプルンとキラリという名前です。

ふたりがいつプルンとキラリになったかというと、七月のプニョプニョタケパーティーのあと、ふたりでプニョプニョタケをさがしにいったときのことです。はじめに五つ採《と》りました。いくらでも採《と》れると思っていました。でも、それからあと、ぱったり見つからなくなりました。どこにでもあると思っていたプニョプニョタケが見つからないのです。だれかが採《と》ったあとばかりをさがしたのかもしれません。

湖《みずうみ》を水辺《みずべ》にそって歩きながら、

「どこにでも、ポロッとあるはず」

と、ひとりがいいました。するともうひとりが、

「ひょいとふりかえれば、ピロッとあるはず」

と、いいました。これまではほんとうにそうだったのです。

とくにめだつ色合いではありませんが、しょっちゅう見かけるキノコでした。せっかくおおきなバスケットをひとつずつ持《も》ってきたのに、まだ五つしか採《と》れません。

「ふと見れば、プルンとあるはず」

と、ひとりが適当《てきとう》に地面《じめん》を指《ゆび》さしました。すると、ほんとうにプニョプニョタケがプルンとありました！　ふたりは「わ！」と顔を見あわせました。

　もうひとりもやってみました。

「見わたせば、キラリとひかるはず」

と見わたせば、ほんとうにキラリとひかって、またひとつ！

ふたりはまた「わ！」と顔を見あわせました。

　おもしろくなって、なんども
「ふと見れば、プルン……」

「見わたせば、キラリ……」

と、いいつづけましたが、そうそうつごうよく見つかりません。

——だめだ。

と、顔を見あわせたとき、ひとりが
「プルン……?」

もうひとりが
「キラリ……?」

と、つぶやきました。その音の感《かん》じが気にいったのです。

とつぜんひとりがいいました。

「これからわたしを、プルンと呼《よ》んで」

もうひとりもいいました。

「これからわたしを、キラリと呼《よ》んで」

こうして、いまのふたごの名前はきまりました。こんなやりかたで、ふたごはプ

ニョプニョタケを、ようやく十個《こ》ほど見つけて採《と》りました。

＊　＊　＊

さて、こそあどの森のおとなたちがガラスびんの家に集《あつ》まった日のことです。

プルンとキラリは巻《ま》き貝《がい》の家の、いちばん上の階《かい》で、プニョプニョタケのジャムをつけたビスケットとお茶の昼食を楽しんでいました。

湖《みずうみ》は、からりと晴れた九月の空と、まだ紅葉《こうよう》のはじまっていない森の木々をうつしています。

水は澄《す》みきって、島《しま》と岸《きし》をつなぐ桟橋《さんばし》の、くいの根元《ねもと》を泳《およ》いでいくサカナの列《れつ》まで、はっきり見えます。

「ん？」

プルンが首をかしげました。

「なに？」

キラリがたずねました。

「水がふえている」

「水が？」

「水が」プルンはうなずきました。「桟橋《さんばし》の渡《わた》り板《いた》は、水面《すいめん》からもうすこしはなれていたはず」

「まさか」と、キラリは肩《かた》をすくめました。「大雨がふったのは十日もまえ」

キラリがそういったのは、一年前にも同じように水位《すいい》があがったことがあったからです。それは大雨のせいでした。流《なが》れてきたたくさんの木や草が、湖《みずうみ》の出口にはさまって、水をせきとめてしまったのでした。でもそれは雨がふっている最中《さいちゅう》のことで、雨がやんで十日もたってからのことではありません。

あのときはたいへんでした。水は玄関《げんかん》まではあがりませんでしたが、ヨットが水船《みずぶね》になってしまったのです。水船《みずぶね》というのは、すっかり水につかってしまった船のことです。岸壁《がんぺき》にみじかいロープでしっかりとめてあったせいで、水面《すいめん》に浮《う》かんでいられなかったのです。それだけではありません。

あのときは、桟橋《さんばし》の渡《わた》り板《いた》も、ぜんぶ流《なが》されてしまいました。

「たしかに、水がふえてる！」

と、渡《わた》り板《いた》のあたりを見ていたキラリがいいました。

「わたしがいったとおり？」

「プルンがいったとおり。でも、どうして？」

「あのときみたいに、湖《みずうみ》の水の出口になにかがはさまったのかも」

キラリはひとさしゆびを立てました。

「クジラがはさまった！」

プルンもひとさしゆびを立てました。

「ゾウがはさまった！」

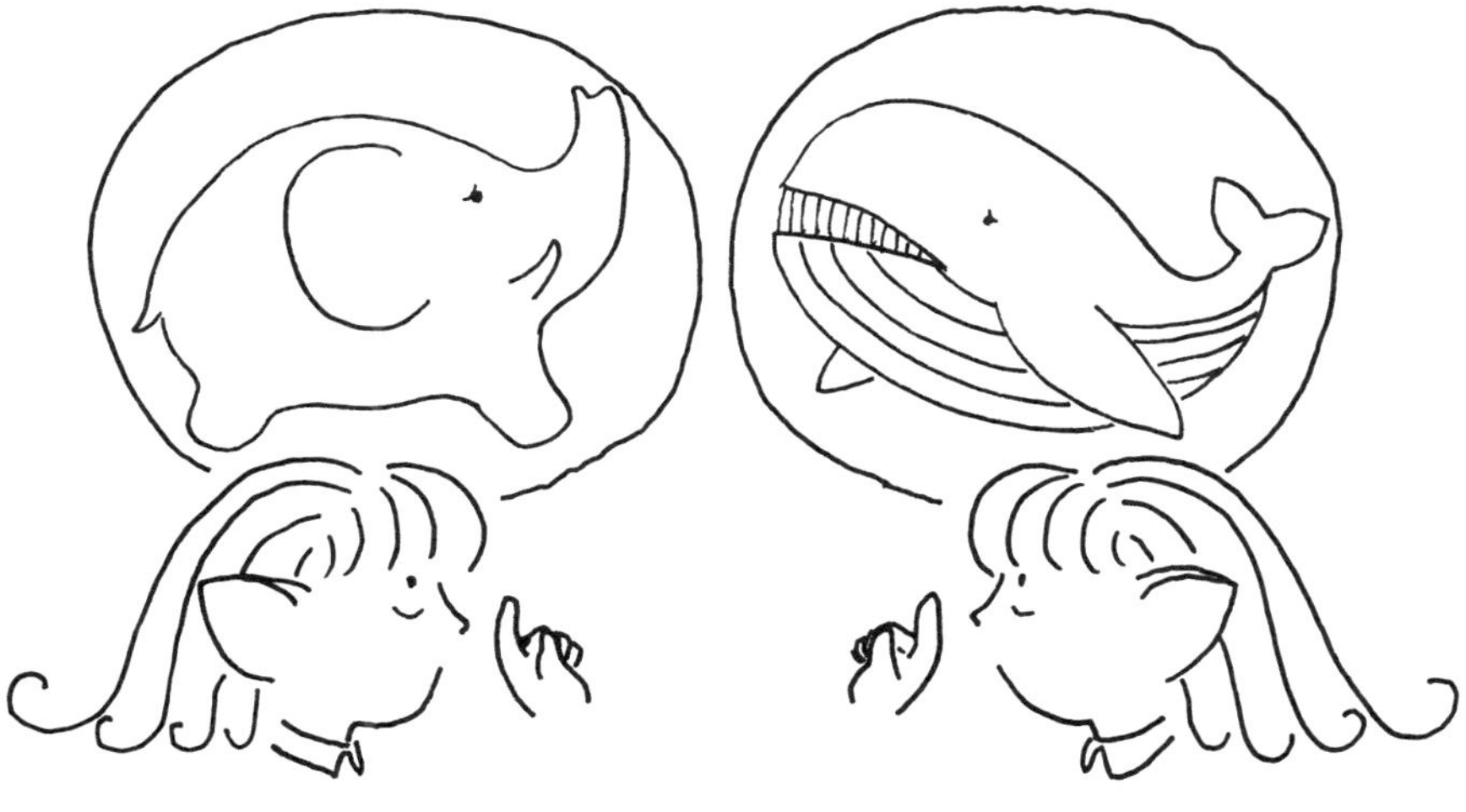

ふたりは笑《わら》いあったあと、もういちど下を見ました。もう渡《わた》り板《いた》のすぐ下まで水がきています。どうやらすごいはやさで水面《すいめん》があがってくるようなのです。ふたごは顔を見あわせました。

渡《わた》り板《いた》はだいじょうぶのはずです。ギーコさんとポットさんが、また水位《すいい》があがってもだいじょうぶなように、新しい渡《わた》り板《いた》をくいにロープでつなぎとめてくれましたから。でもヨットのほうは、このままにしておいたら、また水船《みずぶね》になってしまいます。

すぐにヨットのところまで下りていきました。玄関《げんかん》のドアをあけたときには、もう水は渡《わた》り板《いた》のところまできていました。

「たいへん」

「たいへん」

ふたりはおおいそぎで、長いロープをいちばん上の階《かい》まで持《も》っていきました。ロープのはしをじょうぶな手すりにしっかり結《むす》びつけて、窓《まど》から投《な》げおろすと、下へおりて、もういっぽうのはしをヨットに結《むす》びつけました。それから、いままでヨットをつないでいたロープを全部《ぜんぶ》ほどきました。

そのあと、玄関《げんかん》の扉《とびら》をきっちり閉《と》じました。家の窓《まど》もきっちり閉《と》じました。巻《ま》き貝《がい》の家の扉《とびら》と窓《まど》は、潜水艦《せんすいかん》のようにがんじょうにできています。ふだんの開《あ》け閉《し》めはめんどうでしたが、こんなにがんじょうにできていてよかった、と思いました。

水面《すいめん》はじわじわとのぼってきました。

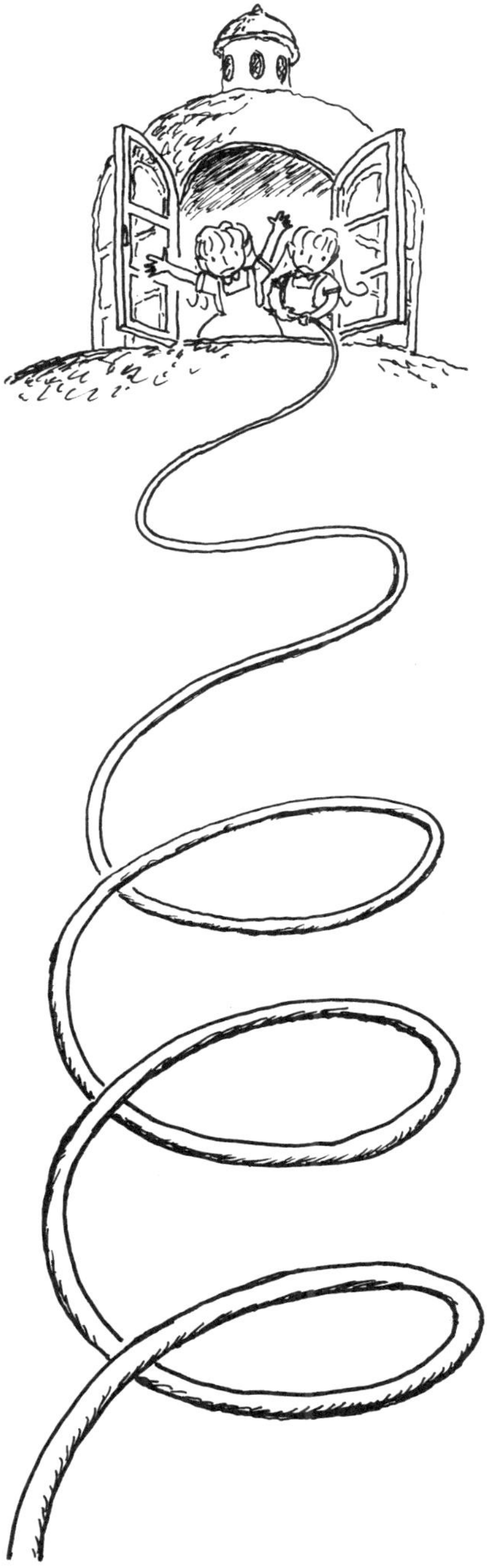

5　ウニマルは船になる?

湯《ゆ》わかしの家から十分ほど南に歩くと、広場があって、そのまんなかに家があります。ずんぐりした船に、とげのあるウニをのせたように見えるので、ウニマルと呼《よ》ばれています。

ウニマルにすんでいるのは、博物学者《はくぶつがくしゃ》のバーバさんと、スキッパーという男の子です。といっても、バーバさんは研究《けんきゅう》のためにしょっちゅう旅《たび》をしていますから、たいていスキッパーがひとりでくらしています。いまもバーバさんは西の島《しま》に出かけていて、絶滅《ぜつめつ》が心配《しんぱい》されているワライウサギの調査中《ちょうさちゅう》です。

スキッパーはひとりでくらすのがきらいではありません。楽しいことがいっぱいあります。バーバさんは博物学者《はくぶつがくしゃ》ですから、ウニマルにはたくさん本があって、石や貝や化石《かせき》の標本《ひょうほん》もあります。それに、ウニマルのとげのひとつは望遠鏡《ぼうえんきょう》です。スキッパーは、本を読んだり星や標本《ひょうほん》をながめたりするのが大好《だいす》きなのです。

森のなかを歩くのも好《す》きです。天気がいい日には、かならず散歩《さんぽ》をします。

二か月前、プニョプニョタケパーティーがあったつぎの日も散歩《さんぽ》をしました。その日は、トワイエさんの屋根裏部屋《やねうらべや》の家のあたりから川にそって湖《みずうみ》のほうにくだり、湖《みずうみ》に出てからは岸《きし》を歩き、ガラスびんの家に出る川にそってのぼりました。手には袋《ふくろ》を持《も》っていました。そうです。ずっと水辺《みずべ》を歩いて、プニョプニョタケをさがしていたのです。

プニョプニョタケは思ったほどは採《と》れませんでした。がんばってさがして、ようやく七個《こ》だけ採《と》れました。

ウニマルにもどると、さっそくそのひとつを、ストーブの灰《はい》をいれたお湯《ゆ》につけておきました。

つぎの日、とりだしてよく洗《あら》うと、きのうとは全然《ぜんぜん》ちがいます。やわらかくなっているのです。いいにおいもします。半分にちぎってみました。かんたんにちぎれます。それぞれもう半分にわけました。その日は四分の一だけ使《つか》うつもりです。

あとの三切《みき》れは、水を張《は》ったボウルにいれて、倉庫《そうこ》の地下の、冷《ひ》やしておくもの

をいれるところにいれておきます。そういうふうにすれば、灰《はい》につけたものでも一週間はもつと、トマトさんが教えてくれたのです。
四分の一のプニョプニョタケを、こまかくちぎりました。トマトさんがくれたメモに、「ナイフで切るより、ちぎったほうが香《かお》りがいい」と書いてあったのです。
トマトスープの缶《かん》づめをなべにあけ、そこにちぎったプニョプニョタケをいれ、あたためました。いいにおいがひろがります。スキッパーはごくりとつばをのみこみました。

食べてみて、そのおいしさにおどろきました。もともとトマトスープはスキッパーの好物《こうぶつ》です。でも、プニョプニョタケいりのトマトスープは……、なんといったらいいのでしょう、ことばにならないほどのすてきな味《あじ》になっているのです。

あまりおいしかったので、スキッパーはバーバさんに手紙を書こうと思いました。カレンダーを見ると、あと二日《ふつか》で郵便配達《ゆうびんはいたつ》のドーモさんがやってくる日です。

こそあどの森は、町から歩いて半日かかるほど離《はな》れていますから、気軽《きがる》に手紙を出すというわけにはいきません。そこで町の郵便局《ゆうびんきょく》のドーモさんが、毎月決《き》まった日に、たとえ配達《はいたつ》する郵便物《ゆうびんぶつ》がなくても来てくれるのです。

スキッパーは手紙にこんなことを書きました。

スミレさんがプニョプニョタケの料理法《りょうりほう》を見つけたこと。それがすごくおいしくて、スキッパーにもかんたんに料理《りょうり》でき、保存《ほぞん》もかんたんなこと。みんながプニョプニョタケをどんどん採《と》ったせいか、最近《さいきん》は水辺《みずべ》でプニョプニョタケを見つけるのがむずかしいこと。でも保存《ほぞん》ができるので、こんどバーバさんがもどったら、とてもおいしいプニョプニョプニョタケ料理《りょうり》を食べさせてあげようと思っていること――。

二週間たって、バーバさんから返事《へんじ》がきました。配達《はいたつ》があるときは、ドーモさんはそのつど持《も》ってきてくれます。スキッパーへの手紙だけのために半日かけてやってきて、あとの半日で町にもどるのです。

八月の暑《あつ》い日のことでしたから、わるかったなあ、とスキッパーが思ったのを、ドーモさんは気がついたらしく、

「ぼくは、こそあどの森にくるのが好《す》きなんだよ」

といって、笑《わら》いました。

バーバさんの返事《へんじ》には、こう書かれていました。

スキッパー、元気そうでなによりです。

プニョプニョタケのことはびっくりしました。食べるのをたのしみにしています。

わたしはいま、ワライウサギという動物《どうぶつ》が絶滅《ぜつめつ》しかけている理由《りゆう》をしらべています。

はっきりしているのは、ワライウサギがおもに食べているワライタンポポがとてもすくなくなっているということです。

で、ワライタンポポがすくなくなっている理由《りゆう》ですが、いままではよその島《しま》からやってきたナキタンポポがふえたからだと考えられてきましたが、どうやらそれだけではないようなのです。

というのは、ほかの島《しま》ではワライタンポポとナキタンポポが助《たす》け合うように、たくさん育《そだ》っているのがわかったからです。この島《しま》のワライタンポポがすくなくなっているのは、もっとほかのいろいろな理由《りゆう》がかさなっているようです。

ものごとというのは、さまざまな理由《りゆう》がかさなって、おこっているということを、あらためて思いました。

そんなことを研究《けんきゅう》しているものですから、こそあどの森のひとがプニョプニョタケを採《と》りすぎて、だれかがこまらないのかしら、なんて思いましたよ。

では、元気で。

八月十一日　ワライ島《とう》にて　バーバより

いままでだれも採《と》らなかったものなんだから、採《と》ったってだれもこまらないのじゃないかなあ、とスキッパーは思いました。
ガラスびんの家におとなたちが集《あつ》まっていた、九月の天気のいい日も、スキッパーは午前中、森を散歩《さんぽ》していました
空は青く、陽《ひ》の光がふりそそぎ、おだやかな風が吹《ふ》いています。
でも、スキッパーはどこか気分が晴れません。今年《ことし》の九月の森は、去年《きょねん》までの九

月の森とは、ちがっているからです。

やけに森が水っぽいのです。雨上がりに水っぽいのなら、それはそれで楽しめます。けれど、ここ十日ほど雨はふっていません。それなのに土がぬれていて、あちらこちらに水たまりさえできています。ゴム長靴《ながぐつ》でなければ歩けません。

なんとなくすっきりしない気分でウニマルにもどってきて、おどろきました。

ウニマルのまわりの広場が、半分ほど、水たまりになっていたからです。

注意《ちゅうい》して見ていると、水たまりのあちこちから水がもりあがってきています。地下から水が湧《わ》き出《だ》しているのです。きれいにすきとおった水が、つぎからつぎに湧《わ》きあがってきます。

――これはいったい、どういうことだろう……。

見ているあいだに、広場のほとんどが水におおわれました。雨がふったら、雨水がしみこんでいくはずの地面《じめん》から、逆《ぎゃく》に水が湧《わ》き出《だ》しているのです。

――この調子《ちょうし》で、水がどんどん出てきたら……。

スキッパーは、きゅうに心配《しんぱい》になり、まわりを見まわしました。すぐそばの林には、薪《まき》をいれておく小屋《こや》があります。もしも、もっと水が増《ふ》えたら、薪《まき》がぬれてしまいます。小屋《こや》の戸があけば、薪《まき》が流《なが》れていってしまうかもしれません。

おおいそぎで、ウニマルにもどり、背負《せお》いかごを持《も》って、水の広場におりていきました。水のなかを歩くと、水が湧《わ》きあがる波紋《はもん》に、スキッパーが歩いてできる波《なみ》がかさなりました。

小屋《こや》まで二度《ど》往復《おうふく》して、薪《まき》をウニマルに運《はこ》びました。そのあいだにも水は増《ふ》えつづけました。二度目《どめ》に小屋《こや》までいったとき、長靴《ながぐつ》が水の深《ふか》さぎりぎりになったので、小屋《こや》の戸をきちんと閉《し》めてもどってきました。

はしごをのぼってウニマルの甲板《かんぱん》に立ち、どんどん増《ふ》えていく水を、スキッパーはながめました。

胸《むね》がどきどきしてきます。

広場はもうまるで湖《みずうみ》のようです。ウニマルのはしごの一段目《だんめ》くらいまで、水の深《ふか》さがあります。湧《わ》きあがった水は、どこかへ流《なが》れていくようには見えません。このあたりにたまっていくばかりなのです。

——どうして、湖《みずうみ》のほうへ流《なが》れていかないんだろう?

そう考えて、はっと気づきました。

——湖《みずうみ》まで、ずっとこんなふうに水がたまっているんだ。

——じゃあ、湖《みずうみ》の水も、増《ふ》えている……?

――それなら、湖《みずうみ》の水は、どうして湖《みずうみ》の出口から出ていかないんだ？

――もっと水が増《ふ》えたら……、どうなる……？

もうすでにまわりの水はスキッパーの腰《こし》くらいの深《ふか》さになっています。きっとそとからいまのウニマルを見れば、ほんとうの船のように見えるでしょう。

そんなことを考えていて、思いだしたことがあります。前にバーバさんとした話です。

「ねえ、ウニマルって、ほんとうの船になる？」

と、スキッパーがたずねたのでした。そのときは、ほんとうに船になったら楽しいだろうなと思ったのです。

バーバさんは書きものをしていた手をとめて、眼鏡《めがね》をはずし、天井《てんじょう》をにらんでしばらく考えてから、いいました。

「このままの状態《じょうたい》で、ここが大水になって、ウニマルが浮《う》くか？っていう話なら、浮《う》かないね。ほら、家というものは、炊事場《すいじば》の流《なが》しとか、おふろやトイレとかで、使《つか》った水を流《なが》すだろ。水は地中に出ていく。家のなかと外はパイプでつながってい
るんだ。だから大水になれば、逆《ぎゃく》にそこから水がはいってきて、家のなかに水があ
ふれ出す。家のなかもまわりの水面《すいめん》と同じ水位《すいい》になる。そうなれば、沈《しず》むね」
なんだ、沈《しず》んじゃうのか、とスキッパーが残念《ざんねん》そうな顔をすると、バーバさんは
にっこり笑《わら》って立ち上がり、スキッパーを炊事場《すいじば》までつれていきました。そして流《なが》
しの下の戸棚《とだな》をあけ、そこにあるパイプについているバルブを指《ゆび》さしました。
「このバルブが流《なが》しの排水用《はいすいよう》」
それから地下倉庫《ちかそうこ》の階段《かいだん》うらのバルブを指《ゆび》さしました。
「このバルブがおふろ、こっちはトイレの排水用《はいすいよう》。どちらも右にまわす。ほら、右《みぎ》
向《む》きの矢印《やじるし》のさきに〈しまる〉と書いてあるからわかるだろ。止まるまでまわすん
だ。すると、そとから水ははいってこない」
「それを、止まるまでまわしたら、ウニマルは浮《う》く?」

「浮《う》くかもしれない」

「浮《う》かないかもしれない？」

いったいどっちなの？と、スキッパーはバーバさんの顔を見ました。

バーバさんは空《あ》き缶《かん》をスキッパーにわたしていいました。

「これに、小石を集《あつ》めておいで」

スキッパーがウニマルからおりて小石を集《あつ》めてくると、バーバさんは洗面器《せんめんき》に水をいれ、そこに陶器《とうき》のボウルを浮《う》かべていました。陶器《とうき》の重《おも》みですこし沈《しず》んではいますが、浮《う》いています。

「これがウニマル。このボウルと同じよう

に、ウニマルは底《そこ》のほうが重《おも》くなっているから、ひっくりかえらない」

「浮《う》いてるね」

「ああ、浮《う》いている。ウニマルはおそらく、なにもなければ浮《う》くと思う」

「なにもなければ?」

バーバさんはうなずいて、スキッパーが集《あつ》めてきた小石をひとつつまみ、

「これは、地下倉庫《ちかそうこ》の缶《かん》づめ」

といって、ボウルのなかにいれました。ボウルはすこし沈《しず》みました。つぎの小石は
「これは、地下倉庫《ちかそうこ》のびん類《るい》」

そしてつぎつぎ、「地下倉庫《ちかそうこ》の小麦粉《こむぎこ》とかの袋《ふくろ》」「地下倉庫《ちかそうこ》のスパゲティなどのはいった箱《はこ》」、かなりおおきな石は「書斎《しょさい》の本」「貯水槽《ちょすいそう》の水」、ちいさな石は「標本《ひょうほん》」、中くらいの石は「ベッド」、それから「机《つくえ》」「椅子《いす》」、ちょっとおおきな石は「ストーブ」……、といれていきました。

スキッパーははらはらしました。もうボウルは水面《すいめん》ぎりぎり、沈《しず》みそうだったの

です。バーバさんはスキッパーの顔を見て、

「では、貯水槽《ちょすいそう》の水を抜《ぬ》いてみよう」と、いいました。「水はまわりにいっぱいあるんだから、それを汲《く》んでわかせばいい」

貯水槽《ちょすいそう》の水はかなりおおきな石でしたから、すこしボウルは浮《う》きあがりました。

バーバさんは、かわりにちいさな石をつまんで、ボウルにいれました。

「これが、スキッパー」

ボウルはちゃんと浮《う》いています。

「じゃあ、浮《う》くんだ」

スキッパーは安心《あんしん》しました。

あの日の話のようなことが、
ほんとうにおこるとは思いませんでした。
いいえ、まだそんなことにはなっていませんし、

このあとだって、そんなに水が増《ふ》えると決《き》まったわけではありません。

けれど、念《ねん》のため、ということもあります。スキッパーは流《なが》しの下のバルブと、地下倉庫《そうこ》の階段《かいだん》下のバルブを、〈しまる〉のほうへ、止まるところまでまわしました。

それからもういちど甲板《かんぱん》にもどって、ようすを見ました。

船《ふな》べりから下を見おろすと、さっきよりも水は深《ふか》くなっています。もう、はしごの三段目《だんめ》まで水です。すきとおった水の底《そこ》で、沈《しず》んだ草がゆれています。

それにしてもふしぎなけしきです。スキッパーは見とれました。昼のあかるい太《たい》陽《よう》の光のなかで、湧《わ》きあがる水でゆらゆらする水面《すいめん》に立つ木々――。

思いついて、窓《まど》という窓《まど》を、しっかり閉《し》めてまわりました。天窓《てんまど》ばかりに気をとられ、トイレの窓《まど》をわすれていたのに気がついたときには、冷《ひ》や汗《あせ》が出ました。

甲板《かんぱん》に出て水のようすを見ると、もうはしごの四段目《だんめ》が水のなかです。

――もしも、どんどん水が増《ふ》えていって、ウニマルが浮《う》きあがらなかったら……。

と、考えました。

バーバさんのボウルを使《つか》った実験《じっけん》は、ウニマルのなかにはいっているものの重《おも》さによって浮《う》くか浮《う》かないかが決《き》まる、という実験《じっけん》です。

もしも貯水槽《ちょすいそう》の水を抜《ぬ》いても浮《う》きあがらなかったら、ドアを閉《し》めてウニマルのなかにいたほうがいいのか、それともウニマルのそとからドアを閉《し》めて、ウニのトゲにつかまっていたほうがいいのか……。

スキッパーはさんざん考えて、ウニのトゲにつかまることにしました。

もしもこれが大雨だったら、ウニマルのなかにいるほうにしたかもしれません。

でも、奇妙《きみょう》なほどいい天気でしたから、そとのほうが気分がよかったのです。

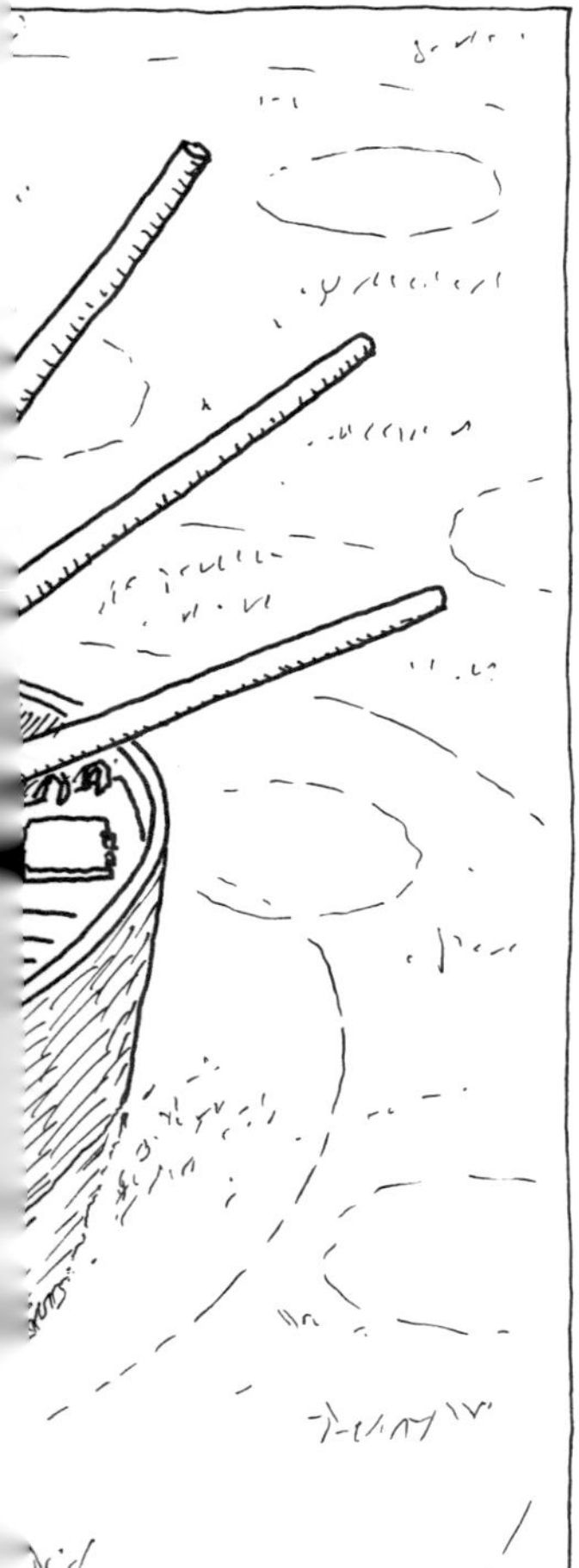

6 調査隊員《ちょうさたいいん》を募集《ぼしゅう》しています

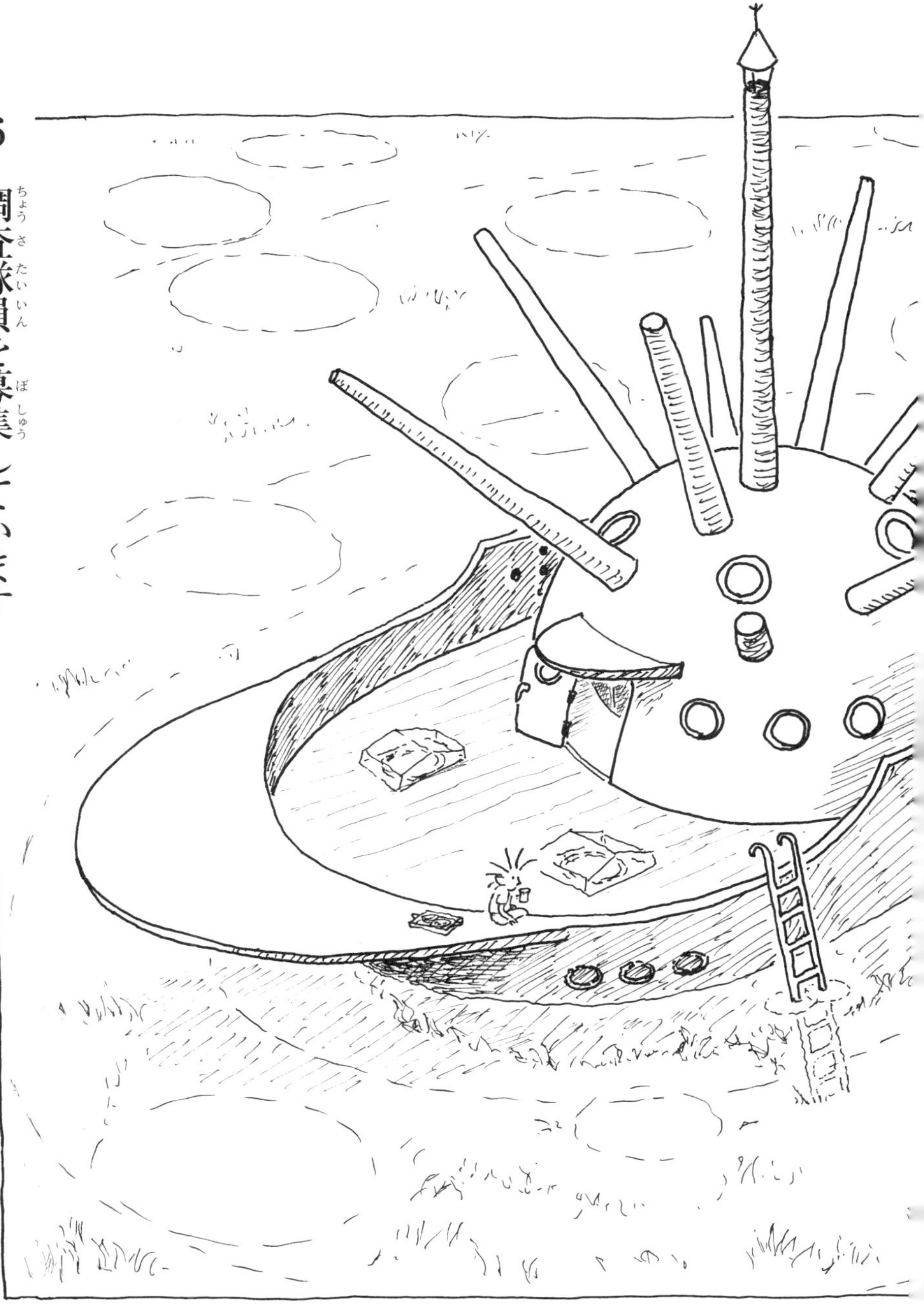

スキッパーはそのあとずっと甲板《かんぱん》で、水かさを見張《みは》っていました。おそい昼食も、クラッカーと缶《かん》づめのソーセージとびんづめのキャベツとお茶を、甲板《かんぱん》で、へさきをテーブルにして食べました。

ゆうがた、ようやく水の増《ふ》えるのが止まりました。はしごの五段目《だんめ》と六段目《だんめ》のあいだで、ぴたりと止まったのです。スキッパーは、すこしほっとしました。

それは書斎《しょさい》や寝室《しんしつ》のまるい窓《まど》にちょうど水面《すいめん》がくる深《ふか》さでした。窓《まど》からそとを見ていると、さかなが何匹《なんびき》か泳《およ》いでいくのが見えました。きっと湖《みずうみ》からやってきたのでしょう。スキッパーは水族館《すいぞくかん》というところに行ったことがありませんが、きっとこういうふうに見えるんだろうなと思いました。

甲板《かんぱん》に立つと、まるでウニマルがほんとうの船で、水に浮《う》かんでいるようです。水の増《ふ》えるのが止まると、水面《すいめん》がしずかになりました。広場のまわりの、半分水につかった木々が、水面《すいめん》にくっきりうつり、ウニマルが、ゆきどまりの水路《すいろ》にまよいこんだように思えてきます。

そのあと暗《くら》くなるまで、水位《すいい》は変《か》わらないようにも、すこし上がったようにも思えました。

夜になったので、なかにはいって、昼ののこりのクラッカーとソーセージとキャベツとお茶の食事《しょくじ》をしました。

部屋《へや》のなかでランプをつけると、そとのほうが暗《くら》いので、窓《まど》からはなにも見えません。ときどき甲板《かんぱん》に出て、水位《すいい》を見ました。変《か》わらないように思えます。でも、はしごの段《だん》を見ると、すこし水が増《ふ》えているような気もします。

すこしだけ欠《か》けた月がのぼると、夢《ゆめ》を見ているようなふしぎなけしきでした。一匹《いっぴき》、さかながはねました。

寝《ね》る前に、どこからも水がもれていないか、見てまわりました。だいじょうぶです。

――そうだ。

スキッパーは、書斎《しょさい》の窓《まど》の、水面《すいめん》の高さにテープをはりました。時計《とけい》を見ると九時です。テープに９：００と書きこみました。

ランプを消《け》すと、窓《まど》のそとの水に、月の光がさしこむのが見えました。

ガラスびんの家のほうでも、ゆうがた、水の増《ふ》えるのが止まりました。窓《まど》よりもすこし高いところに、水面《すいめん》があります。

ポットさんとトマトさん、トワイエさんは、泊《と》めてもらいました。

つぎの日の朝、窓《まど》のそとは美《うつく》しいながめでした。

窓《まど》から見えるのは、全部《ぜんぶ》水のなかです。水のなかでツタの葉《は》が、ゆらゆらとゆれています。水中の光の線で、朝日がさしこんでいるのがわかります。むこうの木は水のなかで葉《は》をゆらしていて、さかなが木のあいだを泳《およ》ぎ抜《ぬ》けていくのです。

みんなで朝食のテーブルについたとき、ふと窓《まど》のそとを見たスミレさんが、

「え?」

と、声をあげました。

一瞬《いっしゅん》のことです。窓《まど》のそと、むこう岸《ぎし》の林のあいだをサカナのように泳《およ》ぐふたりの女の子を、スミレさんは見たのです。ひとりはふたごくらいのおおきさで、もうひとりはとてもちいさく、子ウサギほどのおおきさです。ちいさいほうが、こちら

を指(ゆび)さして、おおきいほうになにか話し、ふたりはガラスびんのなかを見てにっこり笑《わら》ったかと思うと、ついっとどこかへ行ってしまいました。

「あの、なにか、見えたのですか？」

「どこ？　どこ？」

「なに……？」

トワイエさんとトマトさんとギーコさんが
そういうのにかさねて、

「いまのは……」

と、ポットさんがいいかけて、口をとじました。

「なんだったの？」

トマトさんがポットさんにたずねました。

「いや……、あれは……、
おおきなサカナだったんじゃないかな……」

ポットさんは歯切《はぎ》れのわるいいいかたをしました。

スキッパーは、ずいぶんはやく目が覚《さ》めました。

五時です。ベッドから見える窓《まど》の水位《すいい》をたしかめました。どきんとしました。水がさらに増《ふ》えています。そこにもテープをはって、時刻《じこく》を書きこみ、前のテープとの差《さ》を指《ゆび》で測《はか》りました。スキッパーの指《ゆび》で八本ぶんあります。一時間に指《ゆび》一本ぶん増《ふ》えていることになります。きのうの増《ふ》えかたほどひどくはありませんが、水位《すいい》は上がっているのです。このペースでずっと上がりつづけると、こまったことになりそうです。

ウニマルのなかを見てまわりました。いまのところ、水がもれだしているようすはありません。

歯《は》をみがいたり、顔をあらったりするのは、甲板《かんぱん》ですませました。

朝食はなにを食べようかなと考えたとき、遠くからギッコン、ギッコンというど

こかで聞いたような音と、聞きなれた声が近づいてきました。聞きなれた声はふたごのプルンとキラリです。

「ウニマルは、だいじょうぶかな」

「スキッパーは、もう起《お》きているかな」

「こんなときだから、起《お》きている」

「きのうの夜、心配《しんぱい》で眠《ねむ》れなかったから、いまは寝《ね》ている」

「いびきをかいて」

「はぎしりをして」

やがて水から突《つ》き出《で》た木々の上に、移動《いどう》しながら近づいてくるヨットのマストが見え、それから帆《ほ》を下ろしたヨットに乗《の》ったふたごが、オールをつかってウニマルの広場にはいってくるのが見えました。同時にふたごがこちらをふりむいていいました。

「ウニマルは、だいじょうぶだった」

「スキッパーは、起《お》きていた」

ギッコン、ギッコンというどこかで聞いた音は、オールを動《うご》かすときにオール受《う》けがたてる音だったのです。

水につかった広場にはいってくる小舟《こぶね》、それはとてもふしぎな光景《こうけい》でした。

それよりも、どうなるのだろうとひとりで気をもんでいたところですから、ふたごがやってきてくれて、自分でもびっくりするくらいうれしい気分になりました。

しかもヨットでやってきてくれたのです。ヨットがあればここから出ていくこともできます。スキッパーはにこにこしてしまいました。

「おはよう、スキッパー」

プルンがいいました。キラリもつづけました。

「おはよう、スキッパー。ウニマルが船みたいに見える」

スキッパーが両手《りょうて》をふって「おはよう」「おはよう」といいかえしているうちに、ヨットはもうウニマルの横《よこ》にならんでいました。

「ウニマルに乗船許可願《じょうせんきょかねが》います」

と、プルンがいうと、キラリも、

「願《ねが》います」

と、つづけました。

いままでにふたごがウニマルにやってきたときは、こんないいかたはしないで、さっさとはしごをのぼってきたのになあ、と思いましたが、スキッパーは、

「許可《きょか》します」

と、いいました。

ふたごは手早くオールをしまいこみ、毛布《もうふ》をおりたたんだものをヨットとウニマルのはしごのあいだにはさんで、ヨットをロープではしごに固定《こてい》しました。なぜ毛《も》布《ふ》をはさむのだろうとスキッパーがながめていると、プルンがそれを指《ゆび》さし、

「フェンダー、つまり、防舷材《ぼうげんざい》」

といい、キラリが、

「防舷材《ぼうげんざい》、つまり、船とはしごがこすれて傷《きず》つかないためのもの」

と、教えてくれました。

ふたごがヨットに乗《の》ってここにこられたということは、湖《みずうみ》がここまでつづいているのはまちがいないってことだな、と、スキッパーはあらためて思いました。

「きのうは地面《じめん》からどんどん水が湧《わ》き出《だ》したんだよ。でも、どういうわけで、こんなに水が増《ふ》えているの？　どういうわけで、湖《みずうみ》の出口から水が流《なが》れていかないの？」

スキッパーはたずねました。

「わたしたちは、その原因《げんいん》をさぐる調査隊員《ちょうさたいいん》を募集《ぼしゅう》しています」

と、プルンがいいました。

「調査隊《ちょうさたい》にはいりたいひとが、このあたりにいますか？」

と、キラリがいいました。

ぼくのことを心配《しんぱい》してやってきてくれたわけじゃなかったのか、とスキッパーは思いましたが、それでもふたりがやってきてくれたことがうれしくて、

「希望《きぼう》します」

と、手をあげました。

「ところで、朝食を希望《きぼう》するひとが、このあたりにいますか？」

スキッパーがいうと、ふたごはいきおいよく手をあげました。

「希望《きぼう》します」

「希望《きぼう》します」

三人はビスケットとお茶、それにプニョプニョタケのトマトスープで朝食にしました。灰《はい》でやわらかくしたプニョプニョタケが、二分の一残っていて、それを使《つか》いました。ふたごは気に入って、おかわりをしました。

食べながらふたごは、いろんな話をしました。

とつぜん増《ふ》えはじめた水は、あとすこしで、巻《ま》き貝《がい》の家のいちばん上の窓《まど》までできそうなこと。今朝《けさ》起《お》きるとすぐにヨットに乗《の》って、ウニマルにきたこと。森のなかにヨットではいろうとすると、枝《えだ》にマストがひっかかるので、枝《えだ》がはりだしていない川や道の上を、オールでこいできたこと……。

「すると……」と、スキッパーはビスケットをお茶でのみこんでいいました。「東の川をのぼって？」

ふたごはそろって、こくんとうなずきました。

「木の上の屋根裏部屋《やねうらべや》は……？」

東の川をのぼってきたのなら、トワイエさんの屋根裏部屋《やねうらべや》の前を曲《ま》がって、ウニマルの広場にむかう道にはいるはずです。

「屋根裏部屋《やねうらべや》は高いところにあるからだいじょうぶ」

「でも、階段《かいだん》の半分くらいのところまで、つかっていた」

そのようすはだいたい想像《そうぞう》できました。

「トワイエさんは……？」

と、スキッパーはたずねました。

「まだ早かったから、眠《ねむ》っていたかも」

「そう、きっと、まだ眠《ねむ》っていた」

あの家なら、水がふえても安心《あんしん》だから、眠《ねむ》っていたかもしれないな、とスキッパーは思いました。

そのあと、ヨットは湯《ゆ》わかしの家の前も通ったはずです。

「湯《ゆ》わかしの家は……？」

ふたごは顔を見あわせました。

「どうしたの？」

スキッパーがもういちどたずねると、ふたりは声を低《ひく》くしてこたえました。

「窓《まど》の上くらいまで、水のなか……」

え？　とスキッパーはビスケットを持《も》った手をとめました。

「じゃあ、ポットさんとトマトさんは……」

ふたごは首をひねりました。

「きっと家から逃《に》げだしたと思う」

「どこか、水のこないところへ逃《に》げたと思う」

スキッパーはうなずきました。でもすぐに、まてよ、と思いました。あのポットさんとトマトさんが、スキッパーに声もかけずに行ってしまうでしょうか。

――ふたりになにかわるいことがおこっているかもしれない。

きゅうに立ち上がったスキッパーを見て、ふたごはおおいそぎでのこりのビスケットとお茶に手をのばしました。

「すぐに出かけよう」

と、スキッパーがいうと、ふたごは口のなかにものをいれたまま、もごもごいいま

した。たぶん、

「いま、そういおうとおもっていた」

「湯《ゆ》わかしの家にいかなくちゃ」

と、いったようです。

スキッパーが食器《しょっき》をそのままにして出かけるのは、めずらしいことでした。

ヨットには、スキッパーはなんども乗《の》せてもらっています。けれど、ウニマルのはしごから乗《の》りこむのは初《はじ》めてです。ヨットのなかは、いつものように、人形とか網《あみ》とかバケツとか、さまざまなものがちらばっています。それを踏《ふ》みつけないようにもしなければなりません。すこし緊張《きんちょう》しました。
オールはふたごがにぎりました。スキッパーは舵《かじ》を担当《たんとう》します。
広場を出るとき、スキッパーはふりかえってウニマルを見ました。ちいさな湖《みずうみ》にウニマルが浮《う》かんでいるように見えました。

ふたごは進行方向《しんこうほうこう》に背《せ》をむけてオールをこいでいます。

スキッパーだけが前を見て、オールが木のしげみにあたらないように舵《かじ》をとります。

「舵《かじ》をとってもらうと、らくにこげる」

と、プルンがいいました。

「まわりのけしきを見ながら、こげる」

キラリもいいました。

スキッパーといえば、きちんと舵《かじ》をとることと、ポットさんとトマトさんが無事《ぶじ》なのかどうかということでこころがいっぱいで、けしきを楽しむなんてできませんでした。

JUN

7 モグラやミミズになってもいいつもり

水にしずんだ道の上を、ヨットがすべるように進《すす》みます。木々のあいだからもれてきた朝日が、水のなかに、線になってななめにさしこみます。

歩けば十分かかる距離《きょり》ですが、ふたごがオールをうまくつかえるので、五分もかからず湯《ゆ》わかしの家の広場につきました。家が見えたときスキッパーは、

「ああ……」

と、声をあげてしまいました。

ふたごがいったとおり、家は半分ほど水に沈《しず》んでいます。家の横《よこ》にある窓《まど》がちょうどかくれるところまで、水がきているのです。扉《とびら》についている窓《まど》のほうが高い位《い》置《ち》にあるので、そこからなかをのぞくことはできるようです。

ふたごはいっぽうが逆《ぎゃく》にオールをつかって、ヨットのむきを変《か》えました。そしてバックで、扉《とびら》に近づきました。そうしないと湯《ゆ》わかしの柄《え》に、ヨットのマストがあたるのです。スキッパーは舵《かじ》をつかって、船が扉《とびら》にそうようにしました。

扉《とびら》の窓《まど》からのぞきこむと、いろんなものが部屋《へや》のなかに浮《う》かんでいるのが見えま

した。でも、ポットさんのすがたも、トマトさんのすがたも見えません。

「いないと思う」

「どこかへ逃《に》げたと思う」

プルンとキラリがスキッパーを見ていいました。

——もしかすると、寝室《しんしつ》にいるかもしれない。

スキッパーは、念《ねん》のために呼《よ》んでみました。

「ポットさーん、トマトさーん」

それを聞いて、ふたごがもっとおおきな声で呼《よ》びました。

「ポットさーん！　トマトさーん！」

返事《へんじ》がありません。

「やっぱり……、いない、ね」

と、スキッパーとふたりはうなずきあいました。

そのあと、木の上の屋根裏部屋《やねうらべや》にいきました。

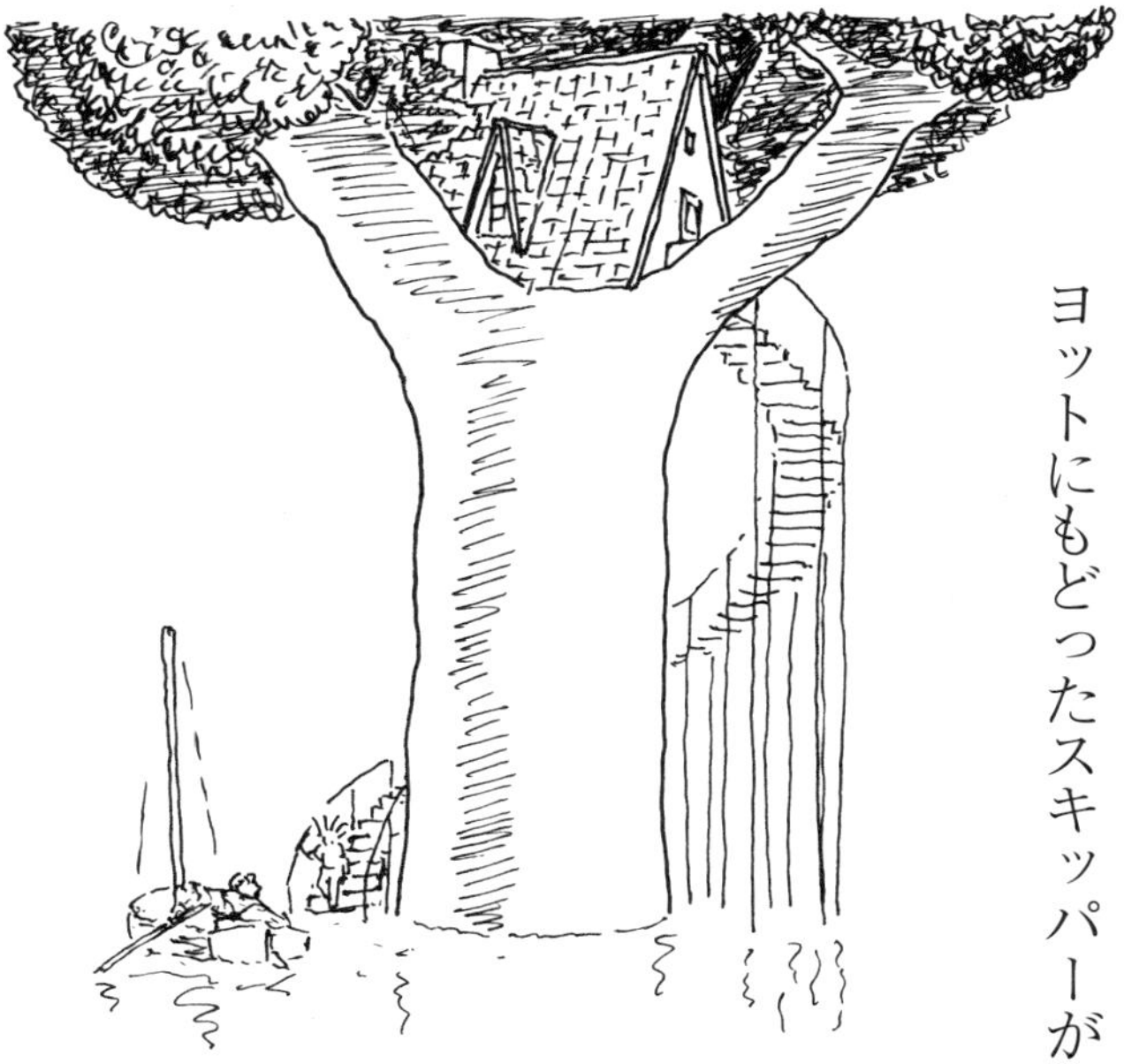

こちらは水のなかから、らせん階段《かいだん》が出ていますから、そこにヨットをつけて、スキッパーが部屋《へや》までのぼりました。のぼるとちゅうで、いないな、と思いました。いつもなら、階段《かいだん》をのぼる足音を聞きつけて、トワイエさんがむかえに出てきてくれるのです。ノックして戸をあけてみました。やはり部屋《へや》にはだれもいません。

ヨットにもどったスキッパーが、ふたりにいいました。

「トワイエさんもいない」

ふたごはだまって顔を見あわせました。

――どうして、みんな、いないんだろう……。

スキッパーは、なんだかとりのこされたような気分になりました。

「ガラスびんの家に、いく?」

プルンがいいました。

「ガラスびんの家にいこう」

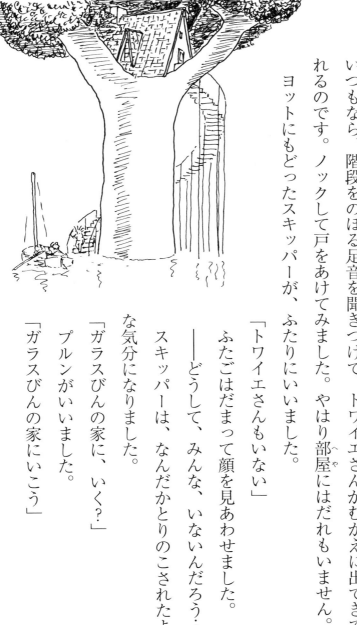

キラリもいいました。

スキッパーもうなずきました。うなずきながらスキッパーは、ガラスびんの家はどうなっているのだろう、スミレさんとギーコさんはどうしているのだろう、と不《ふ》安《あん》になりました。

ことばがすくなくなった三人を乗《の》せて、ヨットはギッコン、ギッコンと音をひびかせ、ガラスびんの家にむかいました。

スミレさんとトワイエさんは、窓《まど》のそとに広がる水の森を見物《けんぶつ》しながら、コーヒーをのんでいました。

ポットさんとトマトさんは、顔をよせあって、小声で話しあっていました。湯《ゆ》わかしの家がどうなっているのか、心配《しんぱい》なのです。

ギーコさんはすこし奥《おく》で、椅子《いす》の背板《せいた》にもようを彫《ほ》りこむ仕事《しごと》をしながら、ちらちらと窓《まど》のそとを見ていました。そんなギーコさんを見て、スミレさんがちいさな声でいいました。

「こんなけしきは、めったに見られないのよ。仕事《しごと》なんてしないで、見ればいいのに」

ギーコさんは手をとめ、ちょっとだけ窓《まど》のそとを見て、また仕事《しごと》に目をもどしました。

窓《まど》のそとはずうっとむこうまで、全部《ぜんぶ》水です。そこに朝の光がさしこんでいます。草も木《こ》の葉《は》もゆらゆらとゆれ、それが低《ひく》い水面《すいめん》の天井《てんじょう》にうつってはゆれてくずれます。なんともふしぎなけしきです。

スミレさんは、朝はやく見えた女の子たちのことを、みんなに話すかどうか、まよっていました。あのときポットさんも「いまのは……」といいかけました。ですから、同じものを見ていたような気がします。それをもういちど確《たし》かめたかったのです。

けれど、それをいいだす前に、トワイエさんがいいました。

「おや、へんなものが……」

あの女の子たちでは、とスミレさんは期待《きたい》しましたが、ちがうものでした。

「まあ、みょうなものが近づいてきたわ」

スミレさんもそういうと、ギーコさんがすぐに板《いた》をおいて窓《まど》に近より、ポットさんもトマトさんもそとを見ました。トワイエさんとスミレさんが見ているのは、橋《はし》のむこうの道のほうです。

確《たし》かにみょうなものが近づいてきます。かたまりがひとつ、そしてその左右にあらわれたり消《き》えたりするちいさなかたまり。

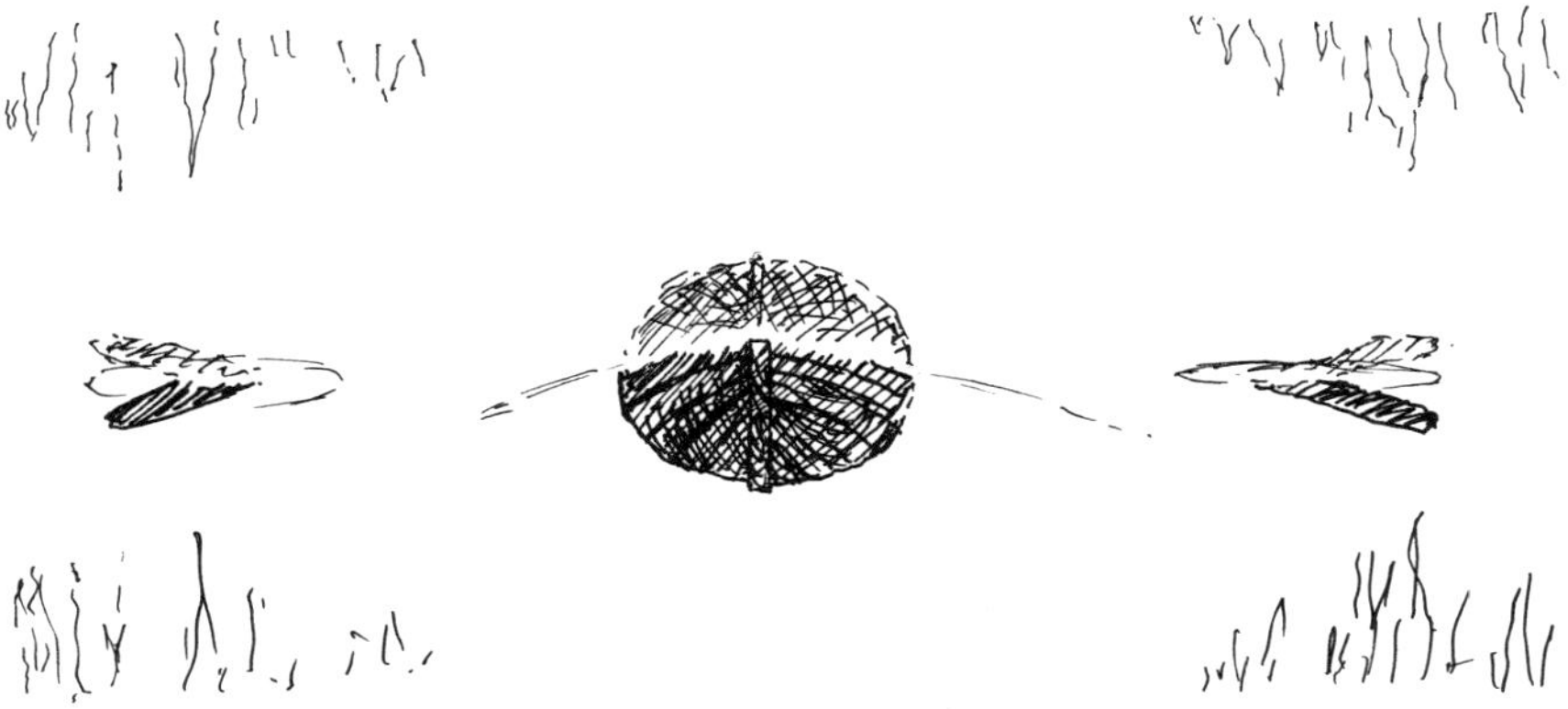

この角度《かくど》では、水の上の部分《ぶぶん》は見えません。水中のものしか見えないのです。おまけに水面《すいめん》、つまり水の天井《てんじょう》が鏡《かがみ》のようになって、水中のけしきが逆向《ぎゃくむ》きにうつって見えます。

「ボートだ」

と、ギーコさんがいいました。

ポットさんもうなずきました。

「きっとふたごのヨットだな」

すぐ近くまでくると、きゅうに水の上のものが見えました。なんだかいつもよりぼんやりと細長くなったふたごとスキッパーがこちらをのぞきこんで、にこにこ笑《わら》っています。

「あの子たちを、ここにつれてくるわ」

スミレさんがそういったときには、もうギーコさんが二階《かい》の空気抜《くうきぬ》きへといそいでいました。

ヨットに乗《の》ったふたごとスキッパーは、橋《はし》の上をすべるように通りすぎ、ガラスびんの家に近づきました。空が明るすぎるせいでしょうか、水の下にしずんだ窓《まど》のところはよく見えません。空気抜《くうきぬ》きがつきでた丘《おか》が見えるだけです。ギーコさんやスミレさんが丘《おか》の上にいる気配《けはい》はありません。だれもいない丘《おか》が水面《すいめん》にうつっています。

オールを船にしまいこんで、ふたごはスキッパーの舵《かじ》に船をまかせました。それまでのいきおいで、船がゆっくり丘《おか》に近づきます。とつぜんプルンが声をあげました。

「いた！　いた！　みんないた！」

そういったあと、笑《わら》いだしました。

「見て、見て、あのスミレさん！」

プルンが水のなかをのぞきこんでいるところに、スキッパーもキラリものぞきこんだので、船がおおきくかたむき、もうすこしで水がはいってくるところでした。

「いる！　いる！　みんないる！　ギーコさんも！　トワイエさんも、ポットさんも、トマトさんも!」

そういって、キラリも笑《わら》いだしました。

ボートが近づいて、水中のガラスびんの家が見えてきたのです。どうやらガラスびんの家のなかには、水ははいっていないようです。

その家のなかからこちらを見て、口を動《うご》かしているおとなたちが、はっきり見えます。

でも、水のせいなのか
ガラスびんのせいなのか、
たてに縮《ちぢ》んで見えます。

笑《わら》うのは失礼《しつれい》だと思いましたが、

スキッパーも笑《わら》ってしまいました。みんな無事《ぶじ》だったのがうれしくて、よけいに笑《わら》ってしまったのです。笑《わら》いながら、なんだか夢《ゆめ》のなかの場面《ばめん》を見ているような気がしました。

ヨットをしっかりした木につなぎとめていると、空気抜《くうきぬ》きの、屋根《やね》のようなふたがひらき、ギーコさんが、つづいてスミレさんが出てきました。そんなところから出てくるふたりを見るのははじめてなので、スキッパーたちはすこしおどろきました。

「モグラみたい」とプルンがいい、

「ミミズみたい」とキラリがいいました。

それは聞こえなかったようで、ギーコさんとスミレさんは、めずらしくにこにこしていて、

「きみたちは、無事《ぶじ》だったんだな」

「家もだいじょうぶなの？」

「玄関《げんかん》にコルクの栓《せん》をしていて、たすかったんだ」

「ここにはきのうから、ポットさんとトマトさん、トワイエさんがいるの」

などといっぱいしゃべりました。ひといきついたところで、

「ところで、湯《ゆ》わかしの家や木の上の屋根裏部屋《やねうらべや》がどうなっているか、見た？」

と、スミレさんがたずねました。ふたごとスキッパーがうなずくと、

「じゃあ、下においりていって、話してあげてちょうだい」

と、たのまれました。

ふたごがうれしそうにいいました。

「わたしたちも、なかからそとを見てみたかった」

「ガラスびんのなかから、水のなかを見てみたかった」

スキッパーも、うんうんとうなずきました。

スミレさんは三人を見て、ゆっくりうなずきました。

「気持《きも》ちはよくわかるわ」そこで真顔《まがお》になりました。「でも、だれかの家が水浸《みずびた》しになっているのなら、あんまりはしゃがないほうがいいわね」

ああ、そうだった、とふたごとスキッパーは顔を見あわせました。スミレさんはつけたしました。

「それから、モグラやミミズになってもいいつもりで、おりてちょうだいね」

聞こえていたのです。

三人はスミレさんのあとをついて、空気抜《くうきぬ》きのはしごをおりていきました。ギーコさんが、穴《あな》にふたをして、最後《さいご》におりました。

スキッパーはここを通るのははじめてです。ちょっとわくわくしました。トンネルのおしまいは、部屋《へや》にむかってひらいている窓《まど》です。

そこは物置部屋《ものおきべや》、とスミレさんがいいました。壁《かべ》にかかっているのは、トワイエさんの冬用のコートのようです。ずっと前にトワイエさんがこの家に部屋《へや》を借《か》りていて、それからあとも荷物《にもつ》をおかせてもらっていると聞いたことがあります。きっ

ここはトワイエさんが使《つか》っていた部屋《へや》なんだな、とスキッパーは思いました。

物置部屋《ものおきべや》を出ると、いつもよりもっと室内があおっぽく見えました。階段《かいだん》をおりると、ガラス窓全体《まどぜんたい》に明るい水の森が広がっていました。

「わあ、こんなふうに見えるんだ」

と、スキッパーがつぶやきました。

「すてき、すてき……」

と、おおきな声をあげかけたふたごが、あわてて手で口にふたをしました。

ウニマルでも窓《まど》ごしに水の森は見えたけど……、とスキッパーは思いました。ウニマルの窓《まど》はこんなにおおきくはありません。ここから見ていると、まるで自分も水のなかにいるようです。水にゆれるツタの葉《は》のあいだから見るので、よけいにそう思えました。

「おはよう、スキッパー。ええっと、それから……」

トワイエさんがいいかけると、ふたごがこたえました。

「わたしのことは、プルンと呼《よ》んで」

「わたしのことは、キラリと呼《よ》んで」

みんなはここで、やっと朝のあいさつをしました。

「で？」

ポットさんが、たずねるように、スキッパーとふたごを見ました。

「トワイエさんの屋根裏部屋《やねうらべや》は、だいじょうぶ」

プルンがいいました。

「水のなかに、らせん階段《かいだん》が半分くらいかくれているけど」

キラリがいいました。

そのあとふたごがスキッパーを見ました。

「で」と、スキッパーはいいました。

「湯《ゆ》わかしの家は、窓《まど》ぐらいまで水につかっています。いろんなものが家のなかで浮《う》いていました」

「まっ……!」

トマトさんが、手で口をおおいました。

「どんなものが、浮《う》いていたんだろう?」

ポットさんがたずねました。

「テーブル、いす、薪《まき》、トランク……」

スキッパーがそこまでいうと、ポットさんが

「トランク……」と、つぶやきました。

「トランクが浮《う》いていたってことは、地下室から浮《う》きあがったってことだ」

それからポットさんは、ふたごにいいました。

「ぼくを、湯《ゆ》わかしの家まで、はこんでもらえないだろうか」

8 そういうことは、はやくいってくれよ

ふたごはそれぞれ、ゆびを一本たてました。

「それはいいけど、そもそもわたしたちは、調査隊《ちょうさたい》」

「それなのに、まだ調査《ちょうさ》をしていない」

スミレさんは
「なんの？」

と、聞きました。

スキッパーも「なんの？」と思いましたが、すぐに思いだしていいました。

「なぜこんなに水位《すいい》が高いのか、つまり、湖《みずうみ》から水が流《なが》れ出《で》る出口を調査《ちょうさ》するつもりだったんです」

スミレさんは「あ」という顔をしました。

それから、スキッパーにいいました。

「あたしも、その調査隊《ちょうさたい》にいれてもらえるかしら」

スキッパーが
「いいですよ」

といったとき、ふたごは一瞬《いっしゅん》「げ」という顔をしました。けれどスミレさんがふたごを見たときは、にっこり笑《わら》っていました。

「あのう、ポットさん」トワイエさんがたずねました。「湯《ゆ》わかしの家へいって、なにを、その、んん、するつもりですか?」

ポットさんはうなずきました。

「とにかく、ようすを見たいんだ。それから、水から救《すく》い出せるものがあれば、寝《しん》室《しつ》の二階《かい》の物置《ものおき》にはこびあげておきたいんだ」

「それなら、ぼくもいこう」と、ギーコさんがいいました。「ただ、ヨットでここを出発《しゅっぱつ》するときに、作業小屋《さぎょうごや》の扉《とびら》がしまっているかどうかを確《たし》かめさせてほしい」

「ぼくも、いきます」と、トワイエさんもいいました。「人手があったほうがいい

「こうしましょう」とスミレさんがいいました。

「いまからお昼のお弁当《べんとう》をつくる。ヨットで出発《しゅっぱつ》する。ポットさんとギーコさんとトワイエさんを湯《ゆ》わかしの家でおろす。プルンとキラリとスキッパーとあたしが調査《ちょうさ》をしにいく。トマトさんは、ここに残《のこ》って、夕食をつくる。調査《ちょうさ》がおわるかきょうの調査《ちょうさ》をうちきるかして、あたしたちは湯《ゆ》わかしの家へいく。ポットさんたちをヨットに乗《の》せてここにもどってくる。みんなで夕食を食べる。どう?」

なるほど、とスキッパーは感心《かんしん》しましたが、ふたごは、かってに決《き》められたと、口をとがらせました。

トマトさんも湯《ゆ》わかしの家へいきたい、といいました。でもポットさんが

「きみはここにいてくれよ、トマトさん」

といって、あきらめさせました。

トマトさんに家のなかを見せたくないんだろうな、とスキッパーは思いました。

サンドイッチとお茶の用意《ようい》ができると、トマトさんひとりを残《のこ》してヨットは出発《しゅっぱつ》することになりました。

からだがつっかえそうになりながらトマトさんは空気抜《くうきぬ》きの穴《あな》から顔を出し、

「ポットさん、くれぐれも、危険《きけん》なまねはしないでね」

と、いいました。

「そんなことになったら、そう、ぼくたちがとめますよ」

と、トワイエさんがいい、ギーコさんもうなずきました。

七人も乗《の》ると、ヨットはかなり沈《しず》みこみます。

「きゅうに立ち上がってはいけない」

「きゅうに動《うご》いてはいけない」

と、ふたごが船乗《ふなの》りらしく注意《ちゅうい》しました。

オールはギーコさんがにぎりました。その前にポットさんとトワイエさんがすわ

り、ふたごが舵《かじ》をとります。スキッパーはへさきにすわり、そのうしろにバスケットをふたつ横《よこ》においてスミレさんがすわりました。

ギーコさんは、ふたごにまけないほどじょうずにオールをつかいました。

まず、ギーコさんの作業小屋《さぎょうごや》にいってみました。扉《とびら》はしまっていました。ギーコさんはそれを見ただけで、ひきかえしました。

ボートの上から見ると、川だったところは、そこだけ草がはえていなくて、石や砂《すな》がつづいています。全部《ぜんぶ》水におおわれてみると、そこが道のように見えます。

スキッパーははじめて水の森をボートの上から、ゆっくりとながめることができました。

朝日のさす明るい森を、すきとおった水が満《み》たしていて、その上をボートがすべっていきます。まるで空中を飛《と》んでいるみたいです。でも飛《と》んでいるのではない証《しょう》拠《こ》に、ボートがたてる波《なみ》が、森の草や花、木の幹《みき》をくにゃりとゆがめてひろがっていきます。ふだんならぼくは、あそこを歩いているんだ、そう思うとスキッパーは

とてもふしぎな感《かん》じがしました。

ギッコン、ギッコン……。

オール受《う》けがたてる音だけが、森のなかを進《すす》んでいきます。

トワイエさんがそのしずけさをこわしたくないみたいに、小声でいいました。

「いったい、その、どういうわけで、森のいたるところから、んん、水が湧《わ》き出《だ》したのでしょう」

「わからんが、地下の水の流《なが》れがかわったんじゃないのかな」

と、ポットさんがいうと、スミレさんもいいました。

「おおきな山の地下に、見えないおおきな湖《みずうみ》があって、その湖《みずうみ》の栓《せん》が抜《ぬ》けた、とか……?」

ギーコさんは首をひねっただけでした。

「スキッパーは、どう思う?」

スミレさんにきかれて、スキッパーは、うーん、とすこし考えて、いいました。

「先月、バーバさんからきた手紙に、『ものごとというのは、さまざまな理由《りゆう》がかさなって、おこっている』と書いてありました。だから……」

「だから、理由《りゆう》はひとつじゃない、と思うのね」

と、スミレさんがいいました。

ヨットは、ギッコン、ギッコンと、トワイエさんの木の上にある屋根裏部屋《やねうらべや》の前までやってきました。みんなはだまって、水からのぼる階段《かいだん》がトワイエさんの家につながっているのをながめました。

とつぜん、トワイエさんがいいだしました。

「あのう、もうひとつ、ボートがあれば、どうでしょう」

「そりゃ、ありがたいけど、あるのかい?」

ポットさんが目をおおきくしてたずねると、トワイエさんはうれしそうにうなずきました。

「さっき、プルンとキラリのヨットがやってきたとき、そう、思いだしたんです。ですが、あの……、おもちゃのようなゴムボートなんです。湖《みずうみ》で遊《あそ》んだらたのしいだろうと手に入れていたのに、いちどもふくらませることもなく、ですね、そのままになっているのが、ええ、あるんです」

「そういうことは、はやくいってくれよ。それがあれば、ぼくたちは泳《およ》がなくてもすむんだよ」

と、ポットさんがいうと、こんどはトワイエさんが目をむきました。

「え！　ぼくたちは、泳《およ》ぐことになっていたのですか！」

「マストを立てたヨットに乗《の》ったままじゃ、家のなかにはいっていくわけにはいかんだろ」

ポットさんが、あきれたようにトワイエさんを見ました。そんな話をしているあいだに、ギーコさんは船をまわして、らせん階段《かいだん》につけました。

ギーコさんとトワイエさんとポットさんが、階段《かいだん》をのぼっていき、しばらく待《ま》つと、ふくらませたゴムボートを頭の上にかかげて、ギーコさんとポットさんがおりてきました。うしろからトワイエさんが、二本の小ぶりのオールと袋《ふくろ》を持《も》っておりてきます。袋《ふくろ》にはゴムボートをふくらませるポンプと、パンクしたときの修理《しゅうり》セットがはいっているのだそうです。

水に浮《う》かべたゴムボートを見て、プルンとキラリは、

「おもしろそう！　乗《の》りたい！」

「たのしそう！　乗《の》りたい！」

と、いいました。

けれどポットさんは「きみたちは、また、こんど、ね」といいながら、自分が乗《の》りこみました。

「ずるい！」

ほっぺたをふくらませるふたごに、ギーコさんが
「このあとの作業《さぎょう》のために、ポットさんは操縦《そうじゅう》になれておいたほうがいいから」

と、なだめました。

たしかに、ポットさんはゴムボートの操縦《そうじゅう》になれる必要《ひつよう》がありました。なかなか思うように進《すす》めなかったからです。まわりたくないところでまわってしまったりします。

「左のオールのほうがよわい！」

「右と左で、オールをもつ角度《かくど》がちがう！」

「ああ、そこで右のオールを反対《はんたい》にこぐべき！」

などとふたごがいいつづけるので、ポットさんはよけいにうまくいかないようでした。とりあえず、湯《ゆ》わかしの家までは、ヨットにロープでひっぱってもらうことになりました。

「さっきの話のつづき、といえばつづきですが」と、トワイエさんが、みんなの顔を見ていいました。「前に、湖《みずうみ》のむこう岸《ぎし》のあたりまでずっと歩いて、湖《みずうみ》の水が川

になって出ていくところを、そう、見にいったことがあるんです。それが、けっこうせまいところを、んん、ずいぶんたくさんの水が、いきおいよく出ていくんですね。ええ。湖《みずうみ》に流《なが》れこんでいる、二本の川の水をあわせた水とは、その、思えないほどの水が、出ていくんです。ええ、ええ」

ふたごがうなずきあいました。

「わたしたち、湖《みずうみ》の出口には、近づかないことにしてる」

「流《なが》れでヨットがすいこまれるから」

ギーコさんはオールをつかいながら、「湖《みずうみ》の底《そこ》で大量《たいりょう》の水が湧《わ》き出《だ》しているんだと思う」と、いいました。「湖《みずうみ》はまわりを山にかこまれているだろ。とりわけ西側《にしがわ》にはとてもおおきな山がある。あの山にふった雨や雪の水が、湖《みずうみ》の底《そこ》からごっそり湧《わ》き出《だ》しているんじゃないかな」

ポットさんがうしろのゴムボートからいいました。

「それが、今回、湖《みずうみ》の底《そこ》じゃないところからも湧《わ》き出《だ》したってことかい？」

「うーん、それは……」

と、ギーコさんは首をひねりました。

「でも、その、どうしてきゅうに水が湧《わ》き出《だ》して、また、それがどうしてぴたっと止まったのでしょうね」

トワイエさんがまわりの水を見て首をかしげました。

「湧《わ》き出《だ》したわけはわからないけど……」ギーコさんがいいました。「一年前のときのように、水の出口になにかがつまって、水位《すいい》が上がっている可能性《かのうせい》は高いな。もしそうなら、そのつまったものの高さまで水が増《ふ》える。そして、それ以上《いじょう》は水があふれ出るから水位《すいい》が上がらなくなる……、のじゃないかな」

「なるほど！」

トワイエさんが感心《かんしん》しました。スキッパーもその考えに感心《かんしん》しましたが、

「でも」

と、いってしまいました。

「でも、なんですか?」

トワイエさんがたずねてくれました。

「水位《すいい》は、きのうの九時から、今朝《けさ》の五時までのあいだに、ぼくの指《ゆび》で八本ぶん、つまり一時間に指《ゆび》一本のわりあいで、増《ふ》えつづけていました」

と、いいました。

「スキッパー、観察《かんさつ》していたんだ!」

「スキッパー、科学者《かがくしゃ》みたい」

と、ふたごがいい、ギーコさんとトワイエさんが、

「ほう」

と感心《かんしん》してくれたので、スキッパーはほおが赤くなりました。

9 ヨットのなかは、すっきりしていない

ふたつの船が、湯《ゆ》わかしの家につきました。

「よし、ついたぞ」

というポットさんの声が、うしろのゴムボートから聞こえました。

みんなでボートをおさえ、ボートとヨットのバランスをとりながら、ギーコさんもゴムボートに乗《の》りうつりました。ふたりが乗《の》ると、ゴムボートはかなり沈《しず》みこみます。トワイエさんもいっしょに乗《の》るのは無理《むり》なようです。

「ドアをあけるとき、なかのものが流《なが》れ出《だ》さないようにしたほうがいい」

と、ギーコさんがいって、ヨットとゴムボートで、扉《とびら》をかこむようにしました。それからギーコさんがボートの上から手をのばして、ドアのノブをまわし、扉《とびら》をあけました。薪《まき》が四、五本流《なが》れ出《で》ます。

おもちゃのようなゴムボートだったのがさいわいしました。幅《はば》がせまいので、ドアを通《とお》り抜《ぬ》けることができます。流《なが》れ出《で》た薪《まき》を押《お》しもどしながら、ゴムボートが家のなかにはいると、ドアが閉《し》められ、なかからポットさんの声が聞こえました。

「トワイエさん、すぐにむかえにくるからね」

しばらく待《ま》つと、ポットさんひとりが乗《の》ったボートが、トワイエさんをむかえにきました。

「これ、お弁当《べんとう》。三人ぶんあるから」

スミレさんがバスケットをひとつ、ポットさんにわたしました。

「あたしたちは、湖《みずうみ》の水の出口をしらべにいってきますからね」

「ありがとう」

とポットさんがいうと、家のなかから
「ねえさん、危険《きけん》なことはしないで」

という、ギーコさんの声が聞こえました。

「そういうことをさせないために、あたしもいくんです」

と、スミレさんが、おおきな声でこたえました。

ふたごがオールをにぎり、スキッパーが舵《かじ》をとり、スミレさんが先頭に乗《の》りこみ、ヨットは湖《みずうみ》にむかって出発《しゅっぱつ》しました。

「さてさて、いったいなにがつまっているのかしらね」

と、スミレさんがつぶやきました。

「クジラじゃないと思う」

「ゾウじゃないと思う」

おもしろくなさそうな顔で、ふたごがつぶやきました。ふたごはオールをにぎっているので、うしろをむいてすわっています。その顔はへさきのスミレさんには見えません。スキッパーだけに見えるのです。ふたごは、スミレさんがまるで保護者《ほごしゃ》か調査隊《ちょうさたい》の隊長《たいちょう》のようなことをいったので、おもしろくないようです。

「キリンでもないと、あたしも思いますよ」

前を見たまま、スミレさんもつぶやきました。

ボートは屋根裏部屋《やねうらべや》の家の前から左におれ、川にそって湖《みずうみ》にむかいます。

「おもしろいけしきだこと」と、スミレさんはつぶやきました。「船が川の上を飛《と》んでいくみたい。いつも見ているけしきなのに、すきとおった水がおおっているせいか、いつもよりすっきりして見える」

それから、すわりこんでいるまわりに目をやって、

「ヨットのなかはすっきりしていないわね」

と、いいました。

「すっきりしている」

すかさずプルンがいいました。

「とてもすっきりしている」

キラリもいいました。

「必要《ひつよう》のないものがあるじゃありませんか」

と、スミレさんがいいました。

「必要《ひつよう》があるものばかり」

「ぜんぶ必要《ひつよう》」

ふたごがいいかえしました。

「くまのぬいぐるみがヨットにどうして必要《ひつよう》なのかしらね」

「わたしたちがヨットをはなれるとき、見張《みは》りをしていてくれる」

「ヨットがさびしいとき、ヨットに歌をうたってくれる」

おやまあ、とスミレさんは口をあけ、眉《まゆ》をあげてみせましたが、それが見えたのはスキッパーだけでした。

「やぶれたメモ用紙のきれはしは、なにをしてくれるのかしら」

「ヨットが遭難《そうなん》したときに、たすけてもらうための手紙を書ける」

「宝《たから》を見つけたときに、地図を描《か》ける。ちびた鉛筆《えんぴつ》もあるはず」

スミレさんはちびた鉛筆《えんぴつ》をさがして、見つけたようでした。けれど、ちがうものも見つけました。

「じゃあこれは？」

スミレさんがつまみあげていたのは、プニョプニョタケでした。両手《りょうて》にひとつずつ、つまみあげられたプニョプニョタケがこきざみにふるえています。「これは」といわれたので、ふたごはそろってふりかえりました。

「それは」プルンが考えながらいいました。「投《な》げあって遊《あそ》べるし、手に持《も》っているだけで、たのしい。どうしていいかわからないとき、持《も》っているとおちつく」

「そうそう、手に持《も》っているとおちつく」キラリもいいました。「風が止まったときとか、いらいらしたときに、さわっているとおちつく」

こんぺいとうのように、つのがいくつも突《つ》き出《で》ていて、そのひとつひとつがしなやかで、全体《ぜんたい》をにぎるとゴムボールのように弾力《だんりょく》があるプニョプニョタケの手ざわりを思いだして、スキッパーは、なるほどそうかもしれないなあと思いました。

「食べるもので遊《あそ》ぶだなんて」

スミレさんは首を左右にふりました。

「この前まで、食べものじゃなかった」

と、プルンがいうと、キラリもいいました。

「わたしたち、食べものになるよりずっと前から、これで遊《あそ》んでた」

そんなことをいっているあいだに、だんだん水底《みずそこ》が深《ふか》くなり、低《ひく》い木などすっかり水に沈《しず》んで、むこうに、湖《みずうみ》が見えはじめました。

「まあ！」

スミレさんが声をあげ、スキッパーもぽかんと口をあけました。巻《ま》き貝《がい》の家が水につかって、いちばん上の部屋《へや》だけが水面《すいめん》に出ているのが見えたのです。ウニマルが水につかっているのにくらべれば、ずいぶん深《ふか》く見えます。ウニマルが高いところにあるのでしょう。

「で、なかに水ははいっていないの？」

スミレさんが心配《しんぱい》そうにいいました。

「だいじょうぶ」

プルンとキラリが声をそろえました。そういえば、巻《ま》き貝《がい》の家の窓《まど》はがんじょう

だったな、とスキッパーはうなずきました。

「ねえ」スキッパーは水面《すいめん》に出た枝《えだ》をさけるように舵《かじ》をきりながらいいました。「湖《みずうみ》の水の出口に近づくと、水の流《なが》れが速《はや》くて、流《なが》れ出《だ》す川にすいこまれるって、いってたよね」

ふたごはそろってうなずきます。スキッパーはつづけました。

「でも、湖《みずうみ》の水の出口にいかなきゃ、なにがつまっているかわからないよね」

ふたごはそろってにっこりうなずきました。

「わたしたち、そういうことを思いつく調査隊員《ちょうさたいいん》を募集《ぼしゅう》していた」

「スキッパーなら、どうしたらいいか思いつけると思った」

ええ？とスキッパーが背《せ》すじをのばしたとき、スミレさんがいいました。

「いけるところまでヨットでいって、あとは陸《りく》からいけばだいじょうぶなんじゃない？」

なるほど、とスキッパーとふたごは顔を見あわせました。

「スミレさんが、思いついた」

ふたごがうなずきあい、スキッパーはほっとしました。

ひらけたところに出たので、帆《ほ》をあげました。

おだやかな横《よこ》からの風ですが、オールでこぐのより速《はや》く進《すす》みます。

水の出口に近づくまでに上陸《じょうりく》したいので、適当《てきとう》なところをさがしましたが見つかりません。もとの湖《みずうみ》なら、いくらでもヨットをつけ、上陸《じょうりく》できるなだらかな岸《きし》がありました。でも、いまは山の中腹《ちゅうふく》に水面《すいめん》があるのです。入り組んだ木の枝《えだ》やしげる葉《は》がじゃまをして、上陸《じょうりく》できません。

水の出口に近づかないと、なにが水をせきとめているのかわからず、かといって近づきすぎると危険《きけん》です。

――もしかすると、もうすでに近づきすぎているのでは？

スキッパーがそう心配《しんぱい》しはじめたとき、

「かわる」

といって、プルンが舵《かじ》をかわってくれました。プルンも心配《しんぱい》になったのでしょう。プルンはゆっくり船のむきをかえ、帆《ほ》の風を逃《に》がして船を止めました。船が止まると、へさきで波《なみ》を切る音がなくなります。止まっているのに、岸《きし》の木がゆっくり動《うご》いていくように見えます。船が水の流《なが》れといっしょに出口に近づいていくのです。

「滝《たき》みたいな音が聞こえる」

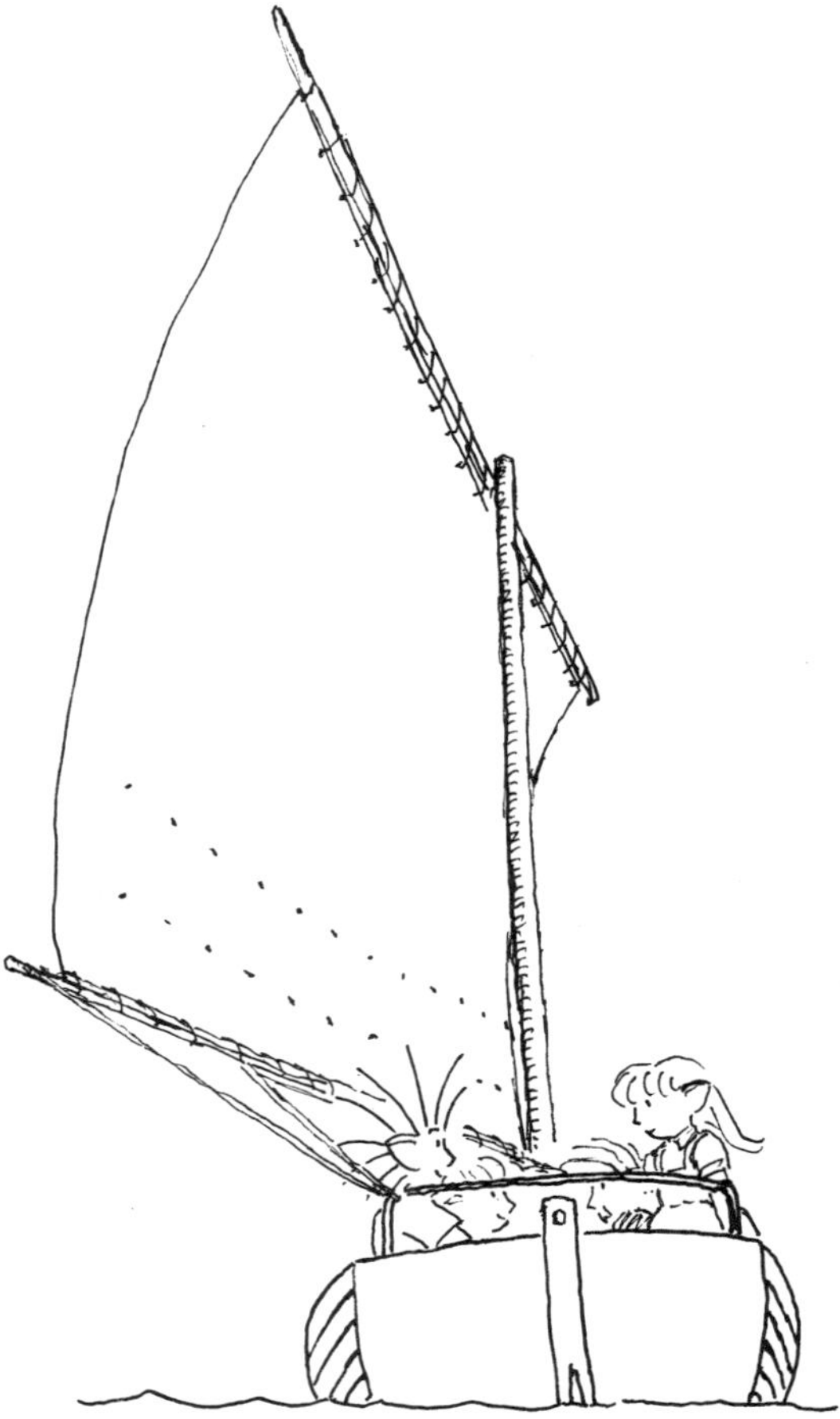

と、スキッパーがいいました。スキッパーの耳がいいのは、ふたごはよくしっていましたから、すなおにうなずきました。

水がなにかにせきとめられて、水面《すいめん》が高くなり、そこからむこうへ滝《たき》のように流《なが》れ落《お》ちているようなのです。

つぎに船首《せんしゅ》を湖《みずうみ》の中央《ちゅうおう》にむけて、帆《ほ》に風をうけました。むきがかわって進《すす》みはじめたので、へさきの波《なみ》の音が聞こえはじめます。だいじょうぶです。まだヨットは流《なが》れに負《ま》けないで進《すす》んでいます。といっても、ずいぶんゆっくりです。この風では、これ以上《いじょう》出口に近づくと、もどれなくなるかもしれません。

水の出口まで、まだ三、四十メートルはあります。ここからでは、出口になにがつまっているのかはわかりません。

「どうする?」

「どうする?」

ふたごが顔を見あわせました。

スキッパーは流《なが》れる水と岸《きし》の木を見て考えました。

——あの木の枝《えだ》をつかんでヨットが水に流《なが》されないようにしながら、水の出口に近づくというのはどうだろう。うーん、つかめないか……。

そこで、はっと思いつきました。

「前に川をさかのぼったとき、枝《えだ》や岩にロープをひっかけて、それにつかまって、のぼっていったよね」

スキッパーがそこまでいうと、

「わかった！」

「わかった！」

と、ふたごがさけびました。

「あたしはわかりませんよ」

と、スミレさんがいいました。

10 こんなの見たことがない

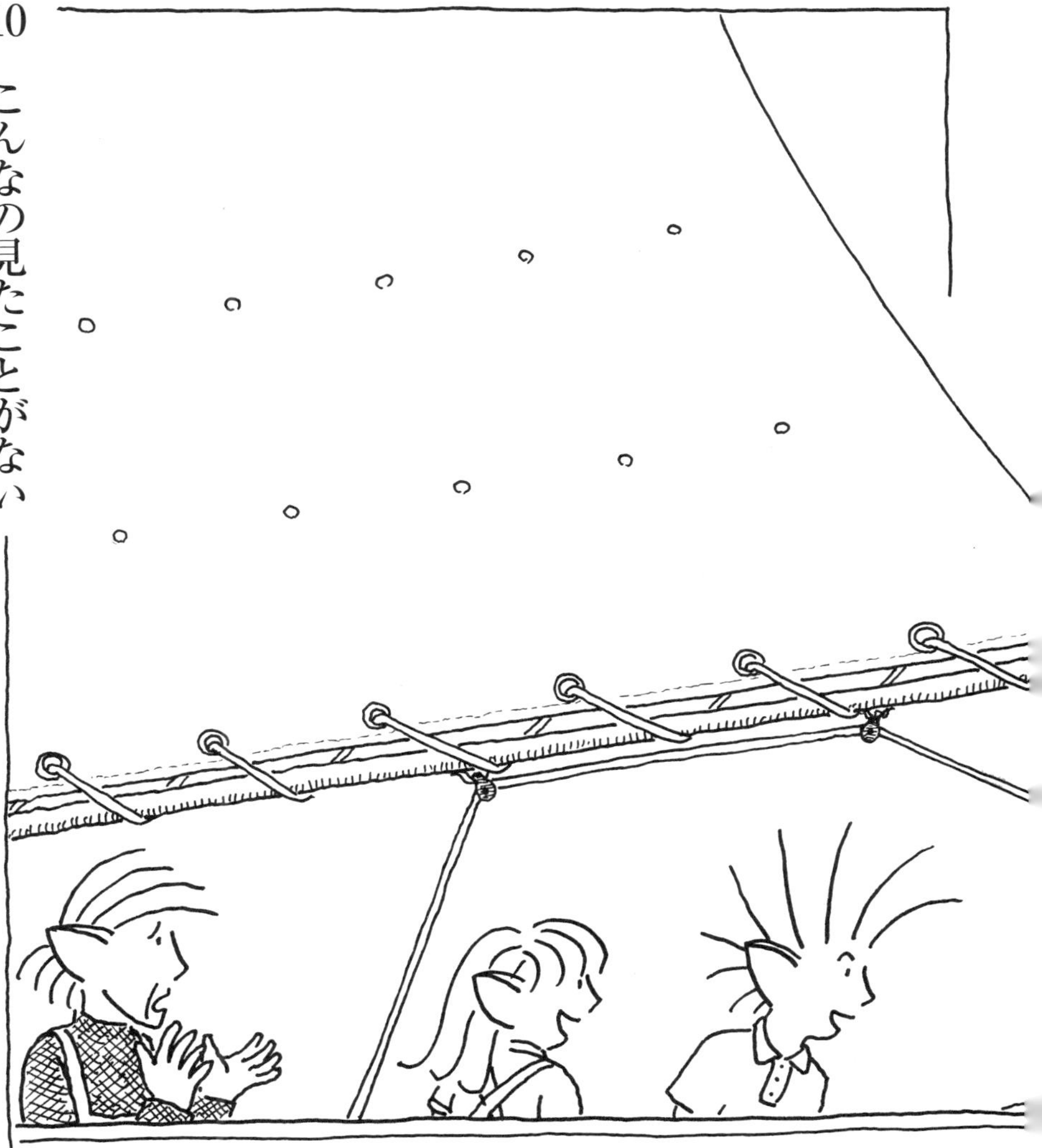

「つまりこういうこと」

ふたごが説明《せつめい》しました。

「岸《きし》からつきでている枝《えだ》にロープをむすびつける」

「ロープをくりだしながら出口に近づく」

「それじゃあ、長いロープが必要《ひつよう》になるじゃありませんか」

スミレさんが眉《まゆ》をよせました。

「長いロープならある」

ふたごが元気よく声をあわせました。

「そのロープが切れたり、ほどけたりしたら、水の出口にすいこまれるじゃありませんか」

スミレさんがさらに眉《まゆ》をよせました。

「そのときは、アンカー、つまり、いかりをほおりこむ」

「アンカーにも、長いロープをつけておく」

「アンカーロープも切れたらたいへんじゃありませんか」

スミレさんがもっと眉《まゆ》をよせました。

「じゃあ、枝《えだ》のロープを二本にする」

「それに、流《なが》れがおそい岸《きし》の近くをはなれない」

ふたごにしてはずいぶんゆずったなあ、とスキッパーは思いました。

「でも、そんなに長くてじょうぶな三本のロープが、どこにあるというんです？」

スミレさんが、これでこの話はおしまい、というふうにいいました。

「あるの！」

ふたごは、たからかに声をそろえて、笑顔《えがお》で勝利宣言《しょうりせんげん》をしました。

長くてじょうぶな三本のロープは、ヨットの後部座席《こうぶざせき》の下に、きちんと巻《ま》かれて結《むす》びつけられていました。そんなところにこんなものがあったなんて、スキッパーも気がつきませんでした。

プルンがヨットを岸《きし》に近づけているあいだに、キラリがアンカーロープを長いものにつけかえました。そしてロープの一方のはしをマストにくくりつけました。

プルンは風を帆《ほ》にうけて流《なが》れをさかのぼったり、風をのがして出口のほうに船を流《なが》したりしながら、岸辺《きしべ》のじょうぶそうな木をさがしています。

「キラリ、あの枝《えだ》」

プルンが目でしめす枝《えだ》はあつらえたように水から突《つ》き出《で》ていました。じょうぶそうです。ヨットがすうっとその枝《えだ》に寄《よ》ると、キラリはすばやくかけたロープを、船《ふな》乗《の》り式《しき》のほどけない結《むす》びかたで、枝《えだ》に結《むす》びつけました。もう一方のロープのはしはマストにくくりつけます。それからもう一本、ちがう木を見つけ、同じことをしました。

帆《ほ》は風にまかせておいて、ロープをくり出していきます。ヨットは岸《きし》づたいに、だんだん出口に近づいていきます。すぐ下には水に沈《しず》んだ山の木が見えました。

「ふしぎなながめ……」

スミレさんがひとりごとのようにつぶやきました。

遠くに聞こえていた水の落《お》ちる音がだんだん高まり、それがおおきくなると、一本目の枝《えだ》に結《むす》んだほうのロープがぴんと張《は》りつめました。二本目の枝《えだ》に結《むす》んだロープは、まだすこしよゆうがあります。ヨットは止まっているはずですが、水の方が流《なが》れているせいで、波《なみ》を切って進《すす》んでいるように思えます。

水の落《お》ちるところまで、あと十メートルほど。その手前に、水をせきとめているものがあるはずです。けれど水面《すいめん》がひかって、水のなかは見えません。

「ここまできたけど、なにがつまっているのか、見えない」

「水のなかが、見えない」

ふたごががっかりした声をあげました。

「箱《はこ》めがねがあればなあ」

と、スキッパーがいうと、ふたごがおおよろこびで声をそろえました。

「あるの！」

箱《はこ》めがねというのは、木の箱《はこ》の底《そこ》にガラスがはまっているものです。ちょくせつ水中のものを見ると、水面《すいめん》に光が反射《はんしゃ》して見にくいのですが、箱《はこ》めがねで見ると、はっきり見えます。だいぶ前にふたごとヨットに乗《の》ったとき、それで水中をのぞいて遊《あそ》んだのをスキッパーは思いだしたのですが、まさかまだヨットのなかにあるとは思いませんでした。

ふたごは船首《せんしゅ》のスペースからアンカーとロープをひきだすと、その奥《おく》から箱《はこ》めがねをとりだしてきました。

まずプルンが見ました。

「なに？　これ」

つぎにキラリが見ました。

「こんなの見たことがない」

そのつぎはスミレさんでした。

「なにかしら……」

そしてようやくスキッパーの番《ばん》になりました。

箱《はこ》めがねのなかに見えるものは、はじめて見るものでした。透明《とうめい》な水のむこうに、まるい、おおきなものが、いくつもいくつもかさなりあっています。ひとつひとつがこのヨットの半分もあるだろうかというおおきさです。それが水に押《お》されて、かたちをゆがめながらぎゅうぎゅうとつみかさなり、はさまりこんで、水の流《なが》れをせきとめているのです。

みんなが見おわってから、ふたごがつぶやきました。

「巨大《きょだい》なブドウ……?」

「水をいれた、巨大《きょだい》なふうせん……?」

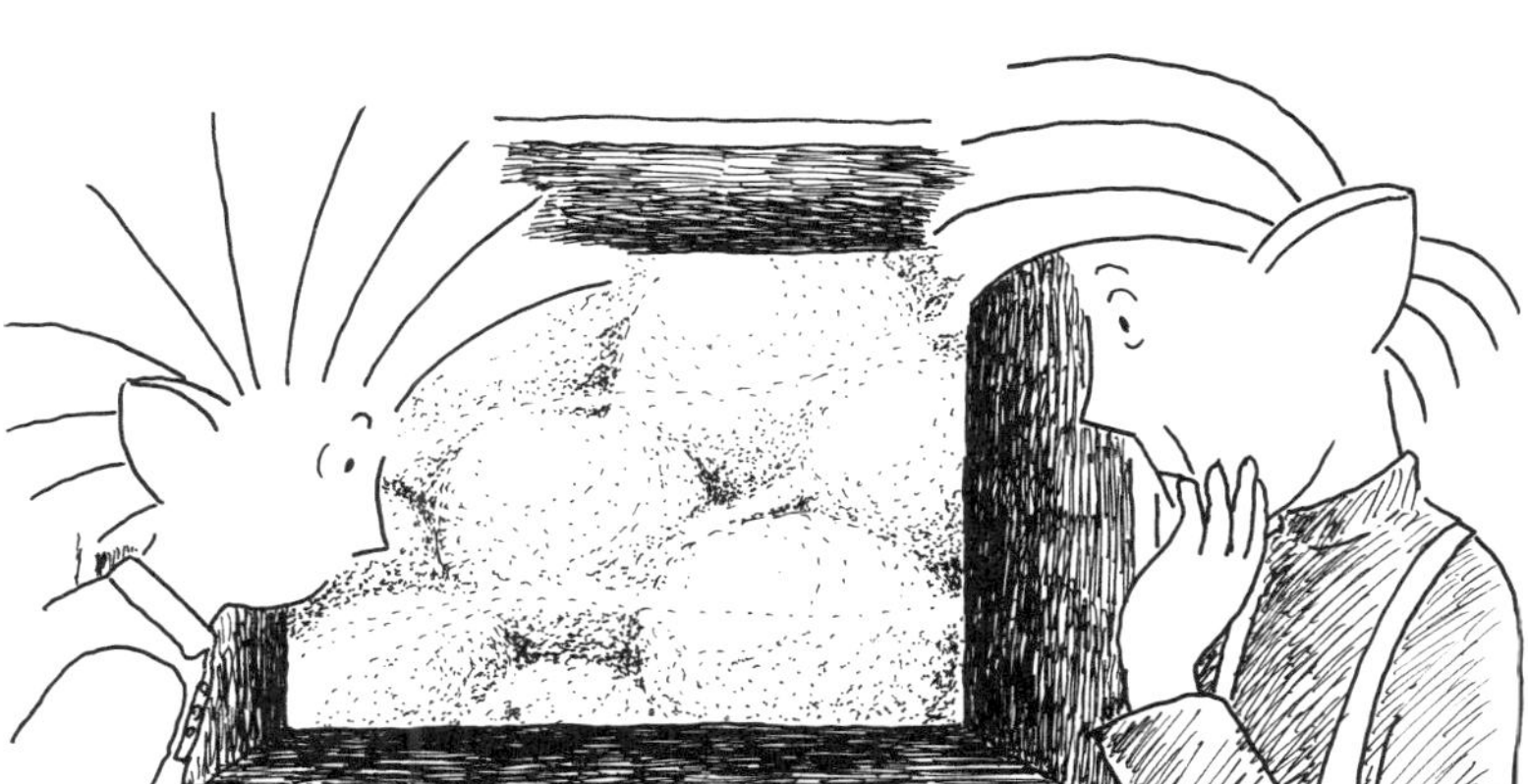

スミレさんもなにかいいたそうだったのですが、なにも思いつけないようでした。かわりに、べつのことを口にしました。

「今朝《けさ》のことなんだけど……、ガラスびんの家の窓《まど》から、水のなかに、ふたりの女の子を見たの」

——え？

とつぜんなにをいいだしたのかと、ふたごとスキッパーは、スミレさんの顔を見ました。

「ひとりは、あなたたちぐらいのおおきさで、もうひとりは子ウサギぐらいのおおきさ。あんな子たちを見たのははじめて。ポットさんも見たはずなんだけど、ほんとうのこととは思えないようで……。その女の子たちと、このまるいものは、なにか関係《かんけい》があるかしら……」

スキッパーは、どうしてそれをいままでわすれていたんだろう、と思いました。

「スミレさん。関係《かんけい》があるかないかわかりませんが、もしかすると、その子たちが、このまるいものがなにか教えてくれるかもしれません」

スキッパーまでなにをいいだすのだろうという顔で、ふたごはスキッパーを見ました。スキッパーは、ほおを赤くしてつづけました。

「その子たちはきっと、水の精《せい》です！　ひとりはユラの入《い》り江《え》の、ちいさいほうはたぶんアサヒの泉《いずみ》の」

「水の精《せい》！」

「あの、水の精《せい》！」

ふたごがおどろいていいました。

そうでした。以前《いぜん》ふたごとスキッパーは、この湖《みずうみ》の西にあるユラの入《い》り江《え》で、水の精《せい》に会ったことがありました。アサヒの泉《いずみ》は、木の上の屋根裏部屋《やねうらべや》のすぐ近くにあって、スキッパーはそこの水の精《せい》と話をしたことがあるのです。すがたは見たことがありませんが、足を押《お》されたり、肩《かた》に乗《の》られたりしました。その感《かん》じで、子ウサギぐらいのおおきさだろうと思っていたのでした。

「いいなあ、スミレさん、水の精《せい》を見たなんて」

「いままでだまっていたなんて、ずるい」

スミレさんは、ただ目をまるくして肩《かた》をすくめるだけでした。いえ、ほんとうはびっくりしていたのです。ひとつは自分がそんなことをしゃべってしまったことに。もうひとつはスキッパーとふたごが、女の子のことをすんなり信《しん》じてくれたことに。さらにそれが水の精《せい》だとうけあってくれた、ということに。

「じゃあ、その、あのふたりは、あなたたちの……、知り合い、なの？」

スキッパーはうなずきました。ふたごは、

「わたしたち、アサヒの泉《いずみ》のほうは知らない」

「スキッパー、わたしたちにもだまっていて、ずるい」

と、口をとがらせました。

「あ、ああ、ごめん。またこんど話すから」

と、スキッパーがいうと、スミレさんが「あたしにも、話してちょうだい」といいました。スキッパーはうなずいて、つづけました。

「きっと、湖《みずうみ》の水も泉《いずみ》の水も、森のなか全体《ぜんたい》にまざってしまったから、ふたりはどこにだっていけるんだ」

「で、その水の精《せい》が、このまるいものがなにか、教えてくれるかもしれないって？」

スミレさんは、まだ半分信《しん》じられないような調《ちょう》子《し》で、もういちど箱《はこ》めがねをのぞいていいました。

「水の精《せい》なら、知っているはず」

「だって、水のことだもの」

ふたごは、あたりまえのようにうけあいました。

そこで水の精《せい》を呼《よ》ぶことになりました。いままでに水の精《せい》を呼《よ》んだことなんてありません。けれ

ど、声が聞こえるところにいればきてくれるように思いました。

アサヒの泉《いずみ》の水の精《せい》の名前がアサヒなら、ユラの入《い》り江《え》の水の精《せい》の名前はユラでいいだろうということになりました。

「ユラー！」

「アサヒー！」

「ユラの入《い》り江《え》の水の精《せい》、ユラー！」

「アサヒの泉《いずみ》の水の精《せい》、アサヒー！」

ふたごは大声でさけびました。スキッパーも、せいいっぱいの声で呼《よ》びました。

「たすけてほしいんだー！」

三人が、いっしょうけんめいに水の精《せい》の名前を呼《よ》んでいると、とつぜんスミレさんが息《いき》をのみました。

のぞきこんでいた箱《はこ》めがねの前をなにかがよこぎったのです。

11

ちょっと、それ、かしてくれない？

つぎの瞬間《しゅんかん》、左舷側《さげんがわ》の船《ふな》べりに、なにかがザバッとあがってきました。ユラの入《い》り江《え》の水の精《せい》です。みんながおどろいてからだを動《うご》かしたのと、水の精《せい》が船《ふな》べりに腕《うで》をかけたのとで、ヨットがおおきくゆれました。

――ほんとうに、きてくれた！

びっくりしたのと、うれしいのとで、スキッパーはただにこにこしてしまいました。最初《さいしょ》に出会ったときよりも髪《かみ》の毛《け》が長くなっています。前のときにも、こうしてとつぜん船《ふな》べりにあらわれたのでした。

「ひさしぶり、スキッパー。それから、クッキーにキャンデー。そして今朝《けさ》あったスミレさん」

ユラの入《い》り江《え》の水の精《せい》がいうと、ふたごがいいました。

「あ、あ、あの、わたし、いまはクッキーじゃなく、プルン。よろしく」

「ええっと、わたし、いまはキャンデーじゃなく、キラリ。よろしく」

ユラの入《い》り江《え》の水の精《せい》はまゆをあげて、そうなの？という顔をしました。

「ど、どうして、あたしの名前を？」

水の精《せい》があらわれて、いちばんおどろいているように見えるスミレさんがたずねると、ユラの入《い》り江《え》の水の精《せい》はいったん沈《しず》み、両手《りょうて》でちいさな水の精《せい》を持《も》ちあげ、船《ふな》べりにすわらせました。水の精《せい》たちの髪《かみ》の毛《け》や服《ふく》は、水からあがると、すっとかわくのがふしぎです。

「今朝《けさ》、このアサヒにきいた」

アサヒははずかしそうにだまって、ちょっと頭をさげました。スキッパーだけにはすこし笑《わら》ってみせました。前に声だけで話したことがあったからです。

「や、やあ」

すがたを見たのははじめてですが、スキッパーも、すこし笑顔《えがお》になりました。

スキッパーは、ふたごがプニョプニョタケを手に持《も》っているのに気がつきました。気分を落《お》ち着《つ》かせようとしているようです。スミレさんも、だまってしまいました。

三人とも、ちらちらスキッパーを見ます。

――水の精《せい》と話すのはスキッパーの役目《やくめ》でしょ、さあ話してちょうだい。

と、いっているようです。

スキッパーはかくごを決《き》めました。

まず、ユラの入《い》り江《え》の水の精《せい》にこういいました。

「あのう、ユラって、呼《よ》んでもいい?」

ユラの入《い》り江《え》の水の精《せい》はうなずきました。

「じゃあ、ユラとアサヒ、出てきてくれて、ありがとう。ぼくたち、たすけてほしいことがあるんだ。湖《みずうみ》の水がふえて、森のみんなはふだんのくらしができなくてこまっている。で、なんとかもとの湖《みずうみ》にもどってもらいたいんだ。だから、ええっと、湖《みずうみ》の水の出口にはさまっている、あのまるいものをとりのぞきたいんだけど、あれがいったいなんなのか、わからない。だから、まず、あれがなんなのか、教えてほしい」

「とりのぞく……」とくりかえして、ユラはちらりとアサヒを見てから、「あれは、生きもの」と、いいました。

「生きもの？」

思わずスキッパーもくりかえしてしまいました。

ふたごとスミレさんも顔を見あわせました。あんなにおおきな生きものが湖《みずうみ》にいたなんて。

「クジラ？」

「ゾウ？」

ふたごは思わずいってしまいましたが、ユラはそれにはとりあわず、話しはじめました。

「十日ほど前の雨のときから水の出口には、おおきな木がひっかかっていた。でも水は流《なが》れていた。で、きのう、水がふえていくので、なにがつまったのかと出口を見にきたら、あれがいっぱいたまって、水をせきとめていた。よく見ると顔があった。話しかけたけど、通じなかった」

「水のなかの生きものじゃなかったってこと？」

スキッパーはたずねました。

「水のなかの生きものでも、つきあいがなければ、話せない」

アサヒがなにかいいたそうなようすでしたが、ユラがつづけました。

「わたしたちは水がふえてもへいきだ。湖《みずうみ》が広がって、水が混《ま》じりあって、どこへでもいけるようになった」

そこでユラはアサヒを見て、「ね」と笑《わら》いあいました。

「あちこちにでかけ、わたしはアサヒと出会った。アサヒといっしょに、いろんなところ、およぎまわった。おたがいに知っていることを教えあった。アサヒが水の出口につまっているものを見たいというのでつれていくと、アサヒはあのまるいもののことばが、カエルのことばに、似《に》ているといった。わたしはカエルとつきあいがないので、わからなかった」

「ああ、アサヒの泉《いずみ》には、カエルがやってくることがあるから、アサヒにはカエルのことばがわかるんだ」

と、スキッパーがいうと、アサヒはこくこくうなずいた。

「その話をしていたとき、スキッパーたちに呼《よ》ばれた」

ユラは話を終《お》えました。

スキッパーは、「どうすればいいと思う？」

という目で、ふたごとスミレさんを見ました。

「と、いうことは」

「と、いうことは」

ふたごが、プニョプニョタケを持《も》っていないほうの手のひとさしゆびをたて、いいました。

「カエルだったら……」

「その生きものと話せるかも……」

スミレさんもひかえめにうなずいていますす。スキッパーも、そう思いました。ユラはアサヒを見ました。アサヒはこくっとうなずきました。

ふたりの水の精《せい》がカエルをさがしにいくと、ヨットのなかはしずかになりました。流《なが》れ落《お》ちる水の音と、へさきでたてる波《なみ》の音だけが聞こえます。

「水の精《せい》……！」

と、スミレさんはつぶやきました。それからゆっくりと頭をふって、

「ちょっと、それ、かしてくれない？」

と、となりにいたキラリの手を指《ゆび》さしました。

キラリはプニョプニョタケをスミレさんにわた

しました。スミレさんはそれを両手《りょうて》でおにぎりをつくるようにやわらかくにぎり、かるくもみました。スミレさんの顔がゆっくりと、やわらかくなりました。

「ね？」

と、キラリがいいました。スミレさんはおだやかな顔のままうなずきました。

「たしかに……、おちつく……」

しばらくすると、ふたりの水の精《せい》がもどってきました。ユラは、スミレさんと同じかたちの手をしています。その手をひらくと、一匹《いっぴき》のカエルがはいっていました。

トノサマガエルのようです。カエルはヨットの船《ふな》べりにすわったとたん、いやな目つきでふたごを見て、いいました。

「ぐごぎげらぎぃら、ぎらぐげぃらっぷ」

「そこのふたりに、いじめられたことがある」

アサヒがすぐにいいました。

「そういってるの？」

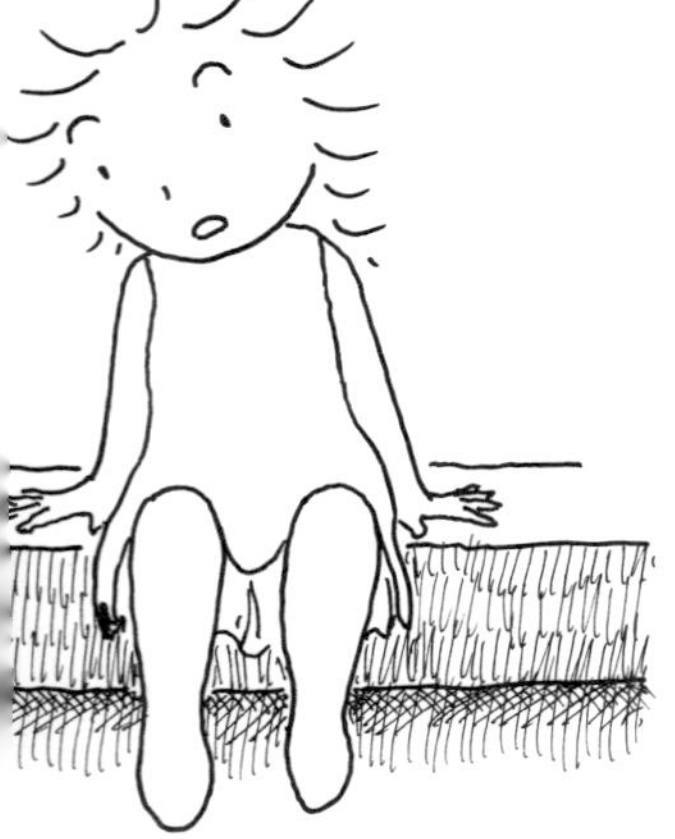

スキッパーがたずねると、アサヒがうなずきました。

ふたごがあわてていいました。

「悪気《わるぎ》はなかった。ちょっとあそんでみたかっただけ」

「でも、わたしたちがわるかった。あやまる」

アサヒが通訳《つうやく》しました。

「がりぐげっぷ、げぐご、ぎぎぐらげ……。ぐげ、ごるげぇら、ぎゃぎぐ……」

キラリはスミレさんからプニョプニョタケを返《かえ》してもらいました。こころが落《お》ち着《つ》かなくなったのです。

「もう、しない」「ぐげぇ、ぎごん」

「ぜったいに、いじめない」「ぎがりんが、ぐぐげらっぷ」

ふたごがしつこくあやまったので、カエルはきげんをなおしました。

きげんをなおしたところで、スキッパーはカエルにいいました。

「ぼくはスキッパー。おねがいがあります。湖《みずうみ》の水の出口にはさまっているまるい

ものに、なぜこんなところにはさまっているのか、たずねてほしいのです」

「げごぎずぎっぱー。ごぐげぇらぎぐざいが……」

アサヒのカエル語を聞いて、カエルはスキッパーに、おやゆびとひとさしゆびで丸をつくって、うなずきました。

ふたりの水の精《せい》はカエルをつれて、水のなかにもぐっていきました。スキッパーたちはかわるがわる箱《はこ》めがねで水のなかのようすを見ました。
十メートルほどむこうの水のなかに、まるいものにもたれかかるようにしているふたりの水の精《せい》が見えます。その髪《かみ》の毛《け》や服《ふく》がふるえるようにゆれています。水の流《なが》れが速《はや》いのでしょう。ユラが手のなかのカエルをさしだす先に、たしかに、まるいものの目と口が見えました。もともとそういう目なのか、弱っているのか、目は

半分とじているように見えます。もちろん声は聞こえません。まるいものと水の精《せい》とカエルの、ことばのない動《うご》きだけの劇《げき》、パントマイムを見ているようです。すぐにふたりの水の精《せい》とカエルはもどってきました。

「ぐらぎ、がらっぷ……」

カエルが説明《せつめい》しようとしましたが、アサヒがいいました。

「カエルのことばはまるいものに通じない。まるいもののことばは、サンショウウオのことばに似《に》ているらしい」

スキッパーたちは顔を見あわせました。

「ごる、ぎぷらげぇ、げる。ざぎぐごぉる、ざぱ、げっぴらぁ、げる」

カエルがいうのを、アサヒが通訳《つうやく》しました。

「ぼくはイモリ語を話せて、ともだちのイモリは、サンショウウオ語を、話せる」

「するとつまり」スキッパーが整理《せいり》しました。「あのまるいもののことばをイモリが聞いて、それをカエルに話して、カエルがアサヒに話すというわけ?」

「ぎら、げぇぐがいる、ざぱ。ざぱ、げぇぐがいる、ごる。ごる、げぇぐがいる……」

アサヒがスキッパーのことばをカエルにつたえると、カエルがスキッパーを見て、おやゆびとひとさしゆびで丸をつくって、うなずきました。

ふたりの水の精《せい》とカエルが、カエルのともだちのイモリをさがしにいくと、ヨットのなかは、ふたたび水の音だけになりました。

「なんだか、みょうにつかれるわね」とスミレさんは肩《かた》のこりをほぐすように、首を左右にたおしました。「ちょっと、それ、かしてくれない？」

スミレさんは、こんどはプルンにたのみました。

プルンはプニョプニョタケをスミレさんにわたしました。スミレさんは、それを両手《りょうて》でもみながら、空を見あげてふうっと息《いき》をつきました。

「でしょ？」

プルンがいうと、スミレさんはふかくうなずきました。

「あたしもひとつ、手もとにおくことにするわ。たくさんあるから」

「たくさんあるんだ」

プルンがいうと、スミレさんはすこし笑《わら》ってうなずきました。それから、たずねられないのに、こんなことを話しました。

「ずっと前に、あなたたちが水の精《せい》に出会ったって話したことがあったわね。おとなたちは本気にしなかった。あたしはあなたたちの味方《みかた》もしなかったけど、ほんとうのことかもしれないって、思っていたの。……ほんとうにほんとうだったのね」

しばらく待《ま》つと、ふたりの水の精《せい》とカエルが、カエルのともだちのイモリをつれて帰ってきました。イモリも、カエルといっしょにユラの手のなかにはいっていきます。イモリはヨットにつくなり、いいました。

「けい、きっぴきゅーるきょ、きけぇくしーら」

カエルはアサヒに通訳《つうやく》しました。

「ざぱ、げぇぐがいる、ぐごぎげらぎぃら、ぎらぐげぃらっぷ」

アサヒはみんなにいいました。

「そこのふたりに、いじめられたことがある」

「もうしない！」と、プルンがいうと、

「ぐげぇ、ぎごん！」と、アサヒがカエルに、

「きゃみょーるしゅー！」と、カエルがイモリにいいました。

「ぜったいに、しない！」と、キラリがいうと、

「ぎがりんが、ぎごん！」とアサヒがカエルに

「きょるきゃぴー、しゅー！」とカエルがイモリにいいました。

ふたごはしつこくあやまって、アサヒとカエルも通訳《つうやく》をつきあってくれて、ようやくイモリはふたりをゆるしてくれました。プルンはスミレさんに、プニョプニョタケを返《かえ》してもらって、気分を落《お》ち着《つ》けました。

イモリがきげんをなおしたところで、スキッパーはイモリにたのみました。

「ぼくはスキッパー。おねがいがあります。湖《みずうみ》の水の出口にはさまっているまるいものに、なぜはさまっているのか、たずねてほしいのです」

「げごぎずぎっぱー。ごぐげぇら……」と、アサヒがカエルに、

「きゅけきゅきっぱー。きょーきゅら……」と、カエルがイモリにいいました。

イモリはスキッパーを見て、おやゆびとひとさしゆびで丸をつくって、うなずきました。

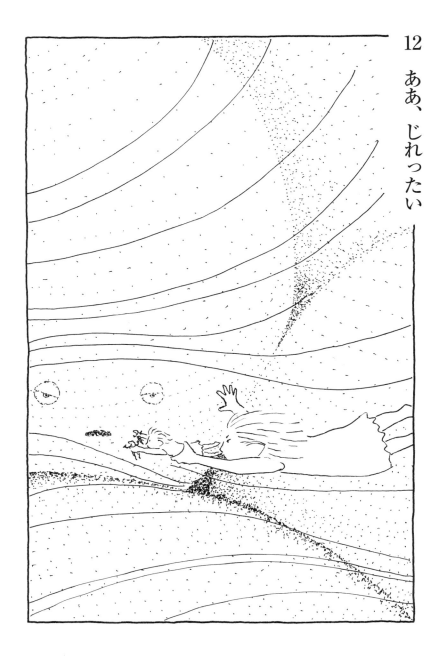

12 ああ、じれったい

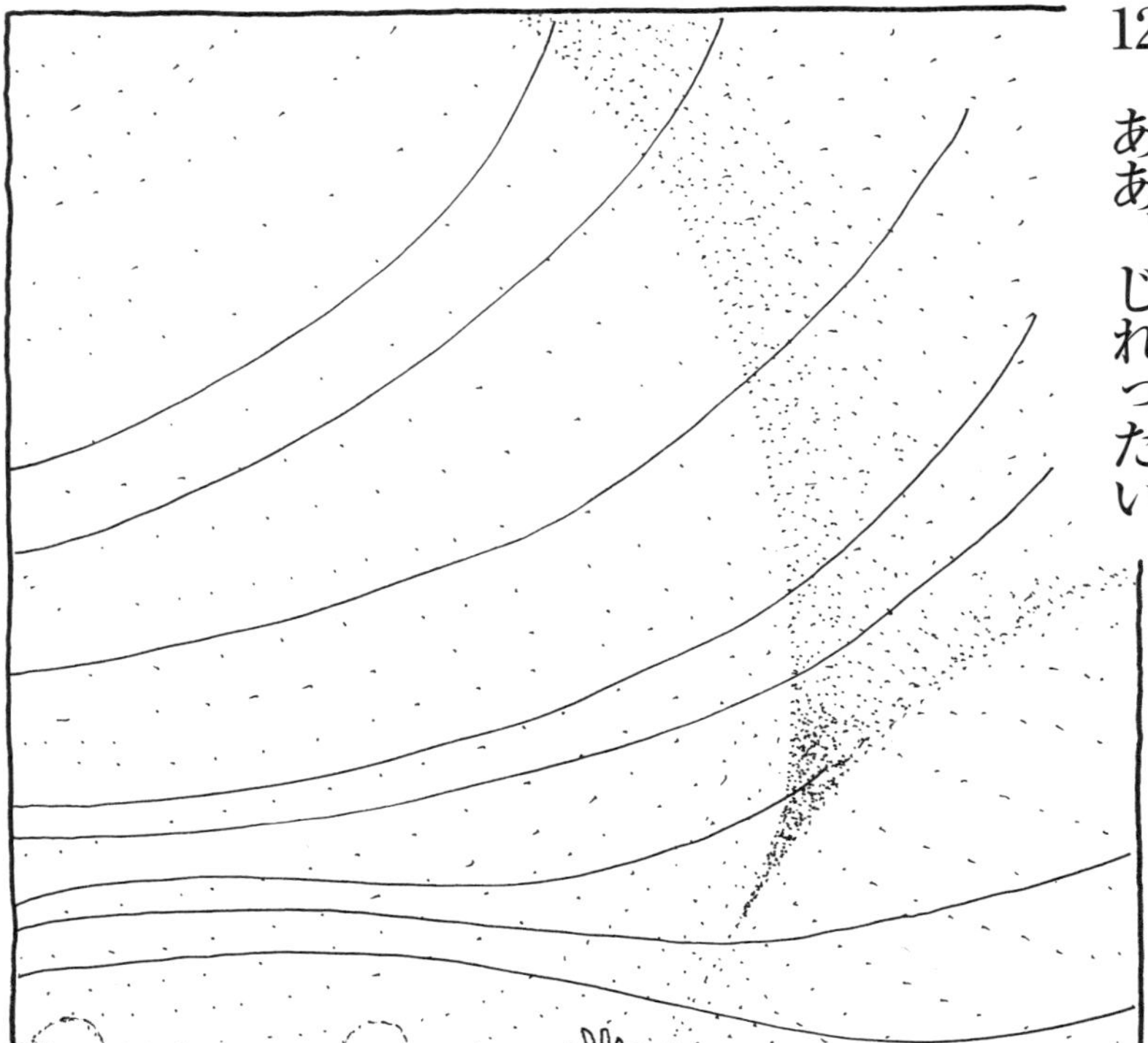

ふたりの水の精《せい》とカエルとイモリが水のなかにもぐっていきました。

まるいものの顔のあたりで、ユラはアサヒの手にイモリとカエルをわたしました。イモリがまるいものとなにか話しているようです。つぎにイモリがカエルに話していますす。さらにカエルがアサヒに話し、アサヒがユラに話すと、ユラはヨットにもどってきました。

「まるいものは、はさまりたくてはさまっているのではない、といっている」

もどってきたユラがそういいました。

「じゃあ、どうしてはさまっているの？　そんなにおおきなからだで、いままでどこでくらしていたの？　って、たずねてくれる？」

スキッパーがいうと、ユラはあっというまにアサヒたちのところに泳《およ》いでいきました。水の流《なが》れがそうなっているのでしょう。透明《とうめい》なすべり台でもすべっていくようです。

ユラがアサヒにむかって口を動《うご》かし、アサヒがカエルにむかって口を動《うご》かし、カエルがイモリにむかって口を動《うご》かし、イモリがまるいものにむかって口を動《うご》かし、まるいものがイモリにむかって口を動《うご》かし、イモリがカエルにむかって口を動《うご》かし、カエルがアサヒにむかって口を動《うご》かし、アサヒがユラにむかって口を動《うご》かします。するとうん……、とユラが考えて、またユラがアサヒにむかって口を動《うご》かし、アサヒがカエルにむかって口を動《うご》かし……。

「ああ……、なんだかじれったいわね」

と、箱《はこ》めがねをのぞきながら、スミレさんがためいきをつきました。

ようやくユラがもどってきました。

「あのまるいものは、ときどき陸《りく》にあがるけど、ほとんど湖《みずうみ》の底《そこ》でくらしているんだって。もともとアサヒくらいのおおきさで、イモリのようなかたちをしていたっていってる」

それを聞いてスキッパーは「だから、サンショウウオのようなことばなんだ」と、つぶやき、ふたごは「もともとアサヒくらいのおおきさ……！」と、あきれました。

ユラはつづけました。

「なぜおおきくなったのか、たずねたら、食べるものがなくなったからおおきくなったって」

「食べるものがなくなれば、ちいさくなるはず」

「食べるものがなくなれば、ほそくなるはず」

ふたごが口をはさみました。ユラはちらっとふたごを見て、つづけました。

「食べるものがなくなったら、かわりに水をのむんだって。からだがゴムのようにのびるから、水をのめばのむほど、どんどんおおきくなるんだって。この五、六十日ほどずっと食べていないっていってる。からだがおおきくなったところに、湖《みずうみ》の底《そこ》からきゅうにたくさんの水がわきだしたから、流《なが》れにおされて、ここまできて、ひっかかって動《うご》けなくなったんだって」

「このままだったら、どうなるの？」

スキッパーがたずねました。ユラはすこしだまって、いいました。

「食べものがないままなら、水を、のんでのんでもうのみきれなくなって、はれつするだろうって」

「たいへん！」

「たいへん！」

ふたごが顔を見あわせました。

「でも、食べものがあればもとのからだにもどれるはずだって」

と、ユラがつけくわえると、

「その食べものって、いったいなんなの？」

スミレさんが、たずねました。そうだ、その食べものがあれば、とスキッパーも思いました。

「食べもの、ね」

ユラは水にはいると、すうっと流《なが》れるようにアサヒのところにいきました。

水のなかではおたがいの声が聞こえているのでしょうが、箱《はこ》めがねで見ているものには、パントマイムにしか見えません。

アサヒがユラの口の動《うご》きを見、イモリがカエルの口の動《うご》きを見、まるいものがイモリの口の動《うご》きを見、まるいものがイモリにむかって口を動《うご》かし、イモリがカエルにむかって口を動《うご》かし、カエルがアサヒにむかって口を動《うご》かし、アサヒがユラにむかって口を動《うご》かし、そしてユラがもどってきました。

「プーリーポーリーだって。プーリーポーリーがなくなったんだって」

ユラがいうと、ヨットの上の全員《ぜんいん》がたずねました。

「プーリーポーリーって、なに?」

「どういうものなの?」

ユラは、そんなことをたずねられるとは思わなかった、という顔をしました。

「スキッパーたち、知っているかと思った」

「ユラは知っているの?」

スキッパーがたずねかえすと、ユラはだまって肩《かた》をすくめ、水にはいり、流《なが》れるように、アサヒのもとへいきました。

　ユラからアサヒ、アサヒからカエル、カエルからイモリ、イモリからまるいものに質問《しつもん》がつたえられ……

「ああ、じれったい」

と、スミレさんがいうと、プルンはプニョプニヨタケをスミレさんにわたしました。

　まるいものからイモリ、イモリからカエル、カエルからアサヒ、アサヒからユラにこたえがつたえられ、ユラがもどってきます。

「おいしいものだって」

　ユラのこたえに、そんなことはたずねていないだろう、とみんなはちからが抜《ぬ》けました。

「ああ、じれったいったらない」

プルンがいったので、プニョプニョタケはスミレさんからプルンにもどってきました。

スキッパーがいいました。

「あのね、ユラ、どんな食べものか聞いているんだ。どんなかたちをしているものか、虫かけものか、さかなか貝か、草か木《き》の実《み》か、どこにあるのか、水のなかか陸《りく》の上か、それがわかれば、ぼくたちがさがしてとってきてあげるって、いってよ」

ユラが水にもぐり、アサヒのところに一直線。ユラからアサヒ、アサヒからカエル、カエルからイモリ、イモリからまるいものに質問《しつもん》がつたえられ、まるいものからイモリ、イモリからカエル、カエルからアサヒ、アサヒからユラにこたえがつたえられ、ユラがもどってきます。

「親切はありがたいが、さんざんさがしたから、もうプーリーポーリーはないっていってる」

「それでも、それが、どんなかたちの……」

と、スキッパーがユラにいいかけたとき、

「ああ、もう、じれったいったら、じれったい！」

「もう、もう、じれったいったら、じれったい！」

と、プルンとキラリが腕《うで》をふりまわし、ふたりの腕《うで》がいきおいよくぶつかりました。

「あ！」
プルンがつかんでいたプニョプニョタケが、とぷんと水に落《お》ちました。ひろおうとプルンは手をのばしましたが、あっというまに、プニョプニョタケは水の流《なが》れにひきこまれました。ユラはスキッパーとの話に気をとられていたので、反応《はんのう》がおくれました。追《お》いましたが、追《お》いつけません。プニョプニョタケはアサヒがいるところに、一直線に流《なが》れていきました。
ヨットの上では四人がぎゅうぎゅうになって、箱《はこ》めがねをのぞきこみました。
半分とじられていたまるいものの目がカッとひらきました。そしてちいさかった口がクワッとひらきました。プニョプニョタケは、まるいものの口に、すいこまれていきました。

つぎの瞬間《しゅんかん》、まるいものは、すごいいきおいで、口から水をはきだしはじめました。同時にからだが縮《ちぢ》んでいきます。

「ああっ!」

ふたごが声をあげました。

アサヒとユラがくるくるまわって飛《と》ばされたのです。

スキッパーたちに見えたのはそこまでです。ヨットがゆれはじめました。まわりに、すごい速《はや》さで水が流《なが》れだしました。

よく見れば、水がむこうへ流《なが》れ落《お》ちていた水面《すいめん》がさっきとちがいます。いまプニョプニョタケをのみこんだまるいもののいたところが、一段低《いちだんひく》くなって、葉《は》のついた枝《えだ》だけが突《つ》き出《で》ていて、水がそこをめがけて流《なが》れこんでいくのです。

岸《きし》からつないだ一本目のロープが、マストとのあいだでびんびんにはりつめてい

ます。マストの結《むす》び目《め》がギシギシ音をたてます。

「だいじょうぶ？」

スミレさんが腰《こし》をうかしかけました。

「立たないで！　いっしょにこれをひっぱって！」

プルンがいいながら、二本目のロープを、ひっぱりはじめました。スミレさんもだまっていわれたことをしました。

「スキッパー、舵《かじ》をきって、船をもっと岸《きし》のほうへよせて！」

キラリがいいながら、帆《ほ》に風をうけるように、ロープを調節《ちょうせつ》しました。

スキッパーは、舵《かじ》にかかる水の重《おも》さをはじめて知りました。

「もっといっしょうけんめい、ひっぱって！」

プルンがさけんで、

「ひっ、ぱっ、てる、わよ！」

スミレさんもさけびかえしています。

「腰《こし》をおとして、ふんばって！」

キラリもさけんでいます。

「ロープが切れたら、アンカーをほうりこんで！」

だれかの声、すごい波《なみ》の音、すぐうしろの流《なが》れ落《お》ちる水の音――。


あっというまのことだったかもしれません。でもスキッパーはずいぶん長い時間、流《なが》れとたたかっていたように思いました。

四人の協力《きょうりょく》で、ヨットは岸《きし》のほうへ、岸《きし》のほうへと近づいていきました。

どうやら、アンカーは使《つか》わないですんだようです。

「どういうこと……？」

と、キラリがいいました。

「あの、まるいものが、水をはきだした……？」

と、プルンがいいました。

「まるいものは、プニョプニョタケをのみこんだよね……」

と、スキッパーがいいました。

「と、いうことは、プーリーポーリーって……」

と、スミレさんがいいました。あとは四人の声がそろいました。

「プニョプニョタケ！」

スミレさんは目をとじて、マストにもたれました。

「なんてことでしょう……」

あの生きものの食べるものがなくなったのは、みんなが調子《ちょうし》にのってプニョプニョタケを採《と》りつくしてしまったからだったのです。そしてそのきっかけをつくったのは、スミレさんでした。

「これ、にぎる？」

キラリがプニョプニョタケをさしだしましたが、スミレさんは、ちからなく首をふりました。

そのとき、ザバッと船《ふな》べりにユラとアサヒがもどってきました。アサヒはカエルとイモリをかかえています。

「無事《ぶじ》だったんだ」

スキッパーがほっと息《いき》をつきました。

スミレさんはキラリにいいました。

「そのプニョプニョタケも、ユラさんにわたして、あのまるいもののところに持《も》っていってもらったら?」

13 サラマンドラのぶんだから

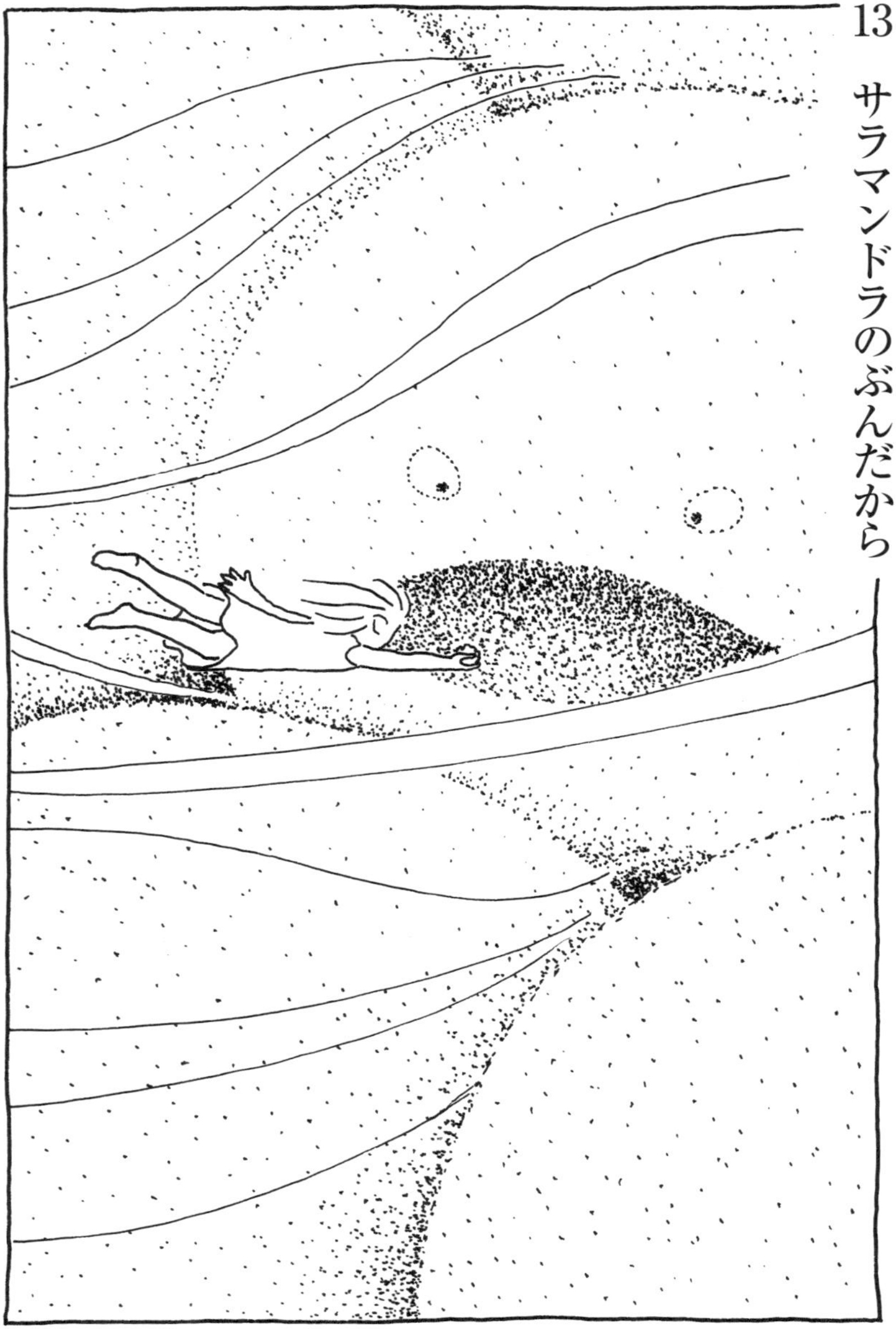

そのあと、ユラはもうひとつのプニョプニョタケを、べつのまるいもののところに持《も》っていきました。そしてそのぶんだけ、水が流《なが》れるようになりました。まるいものがはきだす水で飛《と》ばされるのがおもしろい、とユラはいいました。

スミレさんは、ヨットをガラスびんの家までやってくれとたのみました。家にあるプニョプニョタケをまるいものに返《かえ》したい、というのです。

「ユラ、あのまるいものは、何頭くらいいるの？」

スキッパーがたずねると、ユラは目をとじてしばらく考え、

「わからない……。たぶん、二、三十頭……？　もっとかも……」

と、こたえました。

「そんなに……。あたしが持《も》っているぶんだけじゃ、たりないかもしれない……」

スミレさんはまゆをよせました。

「それなら」と、プルンがいいました。「湯《ゆ》わかしの家にいけばいい」

「そう」と、キラリもいいました。「ふたつの樽《たる》にいっぱいつまってる」

とりあえず湯《ゆ》わかしの家のひと樽《たる》ぶんをあの生きものに返《かえ》す、それでたりなければ、ほかのひとのぶんも返《かえ》していく、というのでいいかなとスキッパーも思いました。

「じゃあ、湯《ゆ》わかしの家にいこう」と、スキッパーがいいました。「でも、その前に、ユラ、アサヒ、カエル、イモリ、もういちどおねがいがあるんだ。ちいさくなったあの生きものを、もし、きてくれるなら、ここにつれてきてくれない？　プニョプニョタケのこととか、たずねてみたいことがあるから」

アサヒはカエルに、カエルはイモリにわけを話し、カエルとイモリはおやゆびとひとさしゆびで丸をつくってうなずくと、そろって水のなかにはいっていきました。

しばらく待《ま》つと、ユラとアサヒとカエルとイモリが、ちいさくなった生きものをつれてもどってきました。あんなにおおきかったのに、ほんとうにアサヒくらいのおおきさです。サンショウウオのなかまのようです。おなかのあたりが、プニョプニョタケのかたちにふくれています。

全員《ぜんいん》をヨットに乗《の》せて、ヨットは東の川にむかいました。

スキッパーはその生きものにむかっていいました。

「ぼくはスキッパーといいます。なんと呼《よ》んだらいいですか？」

アサヒがカエルにいいました。

「げごぎずぎっぱー。げ、ぐるっぽげるぽ？」

カエルがイモリにいいました。

「きゅけきゅきっぱー。き、きゅーるきぇきゅきょ？」

イモリがその生きものにいいました。

「ぎゃごぎじゅきっぱー。ぎゅ、ぎゅるっぺらっぺ？」

そのいきものがいいました。

「ぎゅらぎゃんぎゃら」

イモリがカエルにいいました。

「きゃらきゃんきゅら」

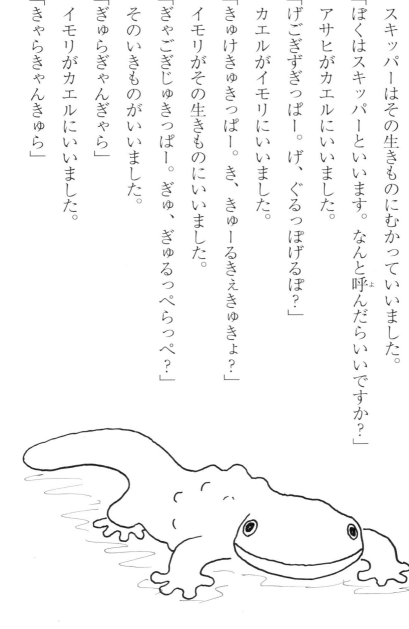

カエルがアサヒにいいました。

「がらがんごら」

アサヒはスキッパーにいいました。

「サラマンドラ」

このじれったい方法《ほうほう》で、スキッパーたちは、サラマンドラについていくつかのことを知りました。

サラマンドラはプニョプニョタケしか食べないこと。

プニョプニョタケはなかなか消化《しょうか》しないらしく、ひと月にいちど、満月《まんげつ》の夜に陸《りく》にあがって、ひとつだけ食べること。

サラマンドラには、陸《りく》にあるプニョプニョタケが、においでわかること。

そこまで聞いたとき、湯《ゆ》わかしの家の近くまできていました。

「きみたち、いまからいくところに、ギーコさん、トワイエさん、ポットさんというひとたちがいるんだけど、紹介《しょうかい》してもいい?」

スキッパーがたずねました。

ユラはアサヒを見ました。アサヒはちょっと考えて、ちいさく首を横《よこ》にふりました。ユラがいいました。

「アサヒはすがたをあらわしたくないみたいだから、わたしも消《き》えている」

消《き》えている、というところでスミレさんとふたごは顔を見あわせました。

「きみたちのことをあのひとたちに話すっていうのは、いい？」

「それは、しかたがない」といって、ユラはアサヒを見ました。「ね？」

アサヒはうなずきました。


湯《ゆ》わかしの家が見えるあたりで、前を見ているスキッパーが、「おや？」という顔をしたのに気づいて、ふたごがふりかえり、「あ」と、声をあげました。

湯《ゆ》わかしの家のまわりは、木から木へとロープが何本もかけられ、そこにシーツや毛布《もうふ》、カーテン、ショールなど、色とりどりの布《ぬの》がかけられていたのです。

玄関《げんかん》の扉《とびら》はあいています。もうなにも流《なが》れ出《で》ないようにかたづけられているようです。

「あたしが湯《ゆ》わかしの家に残《のこ》って、どういうことがあったのか、三人に話しておきますから、あなたたちは」とスミレさんはユラとアサヒとサラマンドラたちにいいました。「プニョプニョタケの樽《たる》をひとつ見つけて、持《も》ち出《だ》してちょうだい」

それからスキッパーとふたごにいいました。

「あとはたのんだわよ」

スミレさんのいったことがアサヒからカエル、イモリ、サラマンドラにつたわって、サラマンドラたちがおやゆびとひとさしゆびで丸をつくってうなずいてから、ユラとアサヒとサラマンドラたちが水にはいりました。水の精《せい》たちは、水のなかで、すうっとすがたを消《け》しました。

ヨットは湯《ゆ》わかしの家の玄関《げんかん》に、うしろむきに進《すす》んでいきました。スキッパーのすわっているところからは、家のなかのようすがよく見えます。

ポットさんとギーコさんとトワイエさんは中二階《ちゅうにかい》の物置部屋《ものおきべや》にいました。ちょうどサンドイッチを食べているところです。

「やあ、調査隊《ちょうさたい》が、もどってきましたね」

と、トワイエさんがいうと、ポットさんがつづけました。

「午前中にくらべると、ほんのすこし、水がへったんだ」

スミレさんは、「そうでしょうとも」と笑顔《えがお》でうなずくと、いいました。

「あたしだけ、いったんここに上陸《じょうりく》したいんだけど」

すぐにポットさんがゴムボートで、玄関《げんかん》にやってきました。さっきより、ずいぶんじょうずに操縦《そうじゅう》できるようになっています。

スミレさんがゴムボートに乗《の》りうつるあいだに、サラマンドラを先頭にイモリとカエルのすがたが、地下室のなかへと消《き》えていくのが、スキッパーには見えました。水の精《せい》もいっしょのはずです。

スミレさんがゴムボートに乗《の》りうつったとき、

「あ、スミレさんのサンドイッチとお茶……」

と、ふたごがスミレさんのぶんをバスケットから出して、手わたしました。

「じゃあ、あとでむかえにきてちょうだいね」

といったスミレさんは、いいなおしました。

「ああ、でも、船ではむかえにこられないかもしれないわね」

「どうして?」

と、ポットさんがたずねました。

「水がひいているかもしれませんからね」

と、スミレさんがいったとき、地下室から樽《たる》がひとつ、ぽかっと浮《う》きあがりました。

「おや……?」

と、ポットさんがいうのと、ふたごが、

「じゃ、これで」

と、オールを水にいれるのが、いっしょでした。

ポットさんはゴムボートを樽《たる》のほうによせようとしました。ところが、樽《たる》はヨットのあとを追《お》うようにゆらゆらと玄関《げんかん》を出ていきます。追《お》いかけようとするポットさんを、スミレさんがとめました。

「いいの。あれは、サラマンドラのぶんだから」

「え？」

ポットさんは、ふしぎそうにスミレさんの顔と、ヨットのあとをぷかぷかとついていく樽《たる》を見くらべました。

スミレさんは、ヨットのスキッパーたちにいいました。

「あのひとたちに、おれいを、それからサラマンドラたちにはおわびをつたえてね」

「あのひとたち？　サラ……？」

「おれいとおわび？」

ポットさんだけでなく、家のなかのトワイエさんたちも声をあげました。

「さあ、いまからあたしがする話を、あなたたちは信《しん》じられるかしら」

と、いっているスミレさんの声が、ヨットのスキッパーたちに聞こえました。

樽《たる》を押《お》しているのはユラとアサヒ、樽《たる》に乗《の》っているのはカエルとイモリとサラマンドラです。

湯《ゆ》わかしの家が見えなくなったところで、水の精《せい》はすがたをあらわし、みんなでちからをあわせて樽《たる》をヨットに引き上げました。それから水のなかにいたみんながヨットに乗《の》りこみました。

サラマンドラがイモリになにかいいました。イモリがカエルに、カエルがアサヒにと、つぎつぎに話して、アサヒがスキッパーにいいました。

「どうしてこんなことになったのか、説明《せつめい》してほしい、ってサラマンドラがいってる」

もっともなことだ、とスキッパーはうなずきました。そこで、スミレさんがプーリーポーリーの食べ方を見つけてみんなに教えたことを、かんたんにつたえました。

ふたごがつづけました。

「そのあと、みんながプニョプニョタケを料理《りょうり》するようになった」

「とてもおいしかったので、みんなプニョプニョタケを採《と》りにいった」

「みんな、夢中《むちゅう》になって、採《と》った」

話しているうちにスキッパーは、いつもなら全部《ぜんぶ》採《と》ってしまうなんてしないのに、あたらしく食べられるおいしいもの、ということで夢中《むちゅう》になってしまった……、バーバさんがいっていたとおりになってしまった。なんだか、はずかしいな……、と思いました。

「そういうことだったんだけど、めいわくをかけて、ごめんなさい」

と、スキッパーはサラマンドラにあやまりました。ことばがつたわるとサラマンドラは、

「ぎょぎゅらぎゅーらがぎゅーら、がぺ」

といいました。イモリ、カエル、アサヒとことばがもどってきて、

「ぼくたちのぶんを返《かえ》してくれるのなら、いい」

と、アサヒがつたえてくれました。

湖《みずうみ》の水の出口からすこしはなれたところで、前のように岸《きし》の枝《えだ》からヨットを二本のロープでつなぎ、ユラに、樽《たる》のプニョプニョタケをふたつずつ、ふくれあがったサラマンドラに持《も》っていってもらいました。

大量《たいりょう》の水が流《なが》れていきますが、ヨットは前よりずっと岸《きし》に近いところに止めているので、危険《きけん》はないようです。

ユラが二回プニョプニョタケをはこんだときに、スキッパーはつぶやきました。

「いったい、何匹《なんびき》のサラマンドラがかさなっているんだろう」

つまり、いくつのプニョプニョタケが必要《ひつよう》なのだろうか、と思ったのです。が、プルンが逆《ぎゃく》のことをこたえました。

「プニョプニョタケの数でわかる」

「なるほど」

スキッパーは感心《かんしん》しました。キラリがいいました。

「ヨットにあった二個《こ》といまの四個《こ》で、いまは六個《こ》」

キラリはヨットのすみからメモ用紙のきれはしと、ちびた鉛筆《えんぴつ》をとってきました。

「これで記録《きろく》しよう」

「役《やく》に立った」

と、プルンがうなずきました。そこで、ふたりは声をそろえていいました。

「いま、スミレさんがいなくて残念《ざんねん》」

ユラはなんどもプニョプニョタケをはこびました。ふたごはそのたびに、記録《きろく》しました。

スキッパーはアサヒたちを通してサラマンドラに、ひと月にいちどプーリーポーリーを食べるのは、一年中のことなのかたずねました。するとサラマンドラは、あたたかくなって雨がつづくころから寒《さむ》くなって雪がふるころまで食べる、とこたえました。

その日は、四十八個《こ》のプニョプニョタケが必要《ひつよう》でした。ですから、湖《みずうみ》の水の出口には、四十八匹《ぴき》のサラマンドラがかさなっていたことがわかりました。

湖《みずうみ》の水位《すいい》が下がってくると、水の出口に、枝《えだ》を張《は》って葉《は》をつけたままのおおきな木がつかえているのが見えてきました。この出口にむかって、森全体《ぜんたい》に広がっていた水がもどってくるので、すごい流《なが》れです。その流《なが》れのいきおいで、おおきな木の枝《えだ》が音をたてて折《お》れ、それをきっかけに、つかえていたおおきな木がゆっくりと下流《かりゅう》へ流《なが》れていきました。見通しのよくなった水の出口に、いきおいを増《ま》した水が流《なが》れこんでいきます。

なにしろ水はたっぷりあります。すぐにもとの湖《みずうみ》にもどる、というわけにはいかないようです。

スキッパーとふたごは流《なが》れる水を見ながら、サンドイッチを食べ、お茶をのみました。お茶はハ

ーブティでした。ほかのみんなにもすすめてみましたが、ユラとアサヒとサラマンドラは、いらない、といいました。カエルとイモリは、サンドイッチのかけらをほんのすこし食べました。

水の流《なが》れが弱くなったのは、その日のゆうがたです。

ヨットを動《うご》かすまえに、ユラとアサヒとカエルとイモリ、そしてサラマンドラとは、わかれました。スキッパーたちは、それぞれに、おれいとおわびをていねいにいいました。

もちろん、湯《ゆ》わかしの家には、もうヨットではいけませんでした。

14 それからあとのこと

湯《ゆ》わかしの家とギーコさんの作業小屋《さぎょうごや》のかたづけは、みんなで手伝《てつだ》いました。

ですから、昼食はサンドイッチなどのお弁当《べんとう》、夕食はガラスびんの家でいっしょに、という日がつづきました。

食事中《しょくじちゅう》の話題《わだい》は、どうしても水につかった森の話になりました。

あんなことがあった、こんなことがあった、と話すなかで、トワイエさんが、だれにたずねるともなく、いいました。

「それにしても、いったい、どういうわけで、地面《じめん》から水が、その、湧《わ》いてきたんでしょうね」

どういうわけで――。みんな、すこしだまりました。

「地面《じめん》の下でなにかがあったんだろうけど……」と、ポットさんがいいました。

「うちの地下二階《かい》がまた冷凍庫《れいとうこ》として使《つか》えるようになったんだ。だから地下でなにかがあって、それがもとにもどったんじゃないかな……」

みんなはあいまいにうなずきました。

「わかっているのは、水が湧《わ》いたのは、なにが原因《げんいん》だったのか、わからないってことよ」スミレさんが遠くを見る目でいいました。「いままでだって、大雨や日照《ひで》りつづきや、とつぜんの強い風や、あたしたちにはほんとうの原因《げんいん》がわからないことがいっぱいおこって、そのなかでくらしてきたような気がする」
そのとおりだなあ、とスキッパーは思いました。
「わかっているのは」と、ギーコさんもいいました。「湖《みずうみ》の出口がつまった原因《げんいん》をつくったのは、ぼくたちだったってことだな」
「わたしが料理法《りょうりほう》を見つけたばっかりに……」

と、スミレさんが肩《かた》をおとしました。するとトワイエさんが、

「いや、料理法《りょうりほう》を見つけるのは、ええ、すばらしいことです。文化《ぶんか》です」

と、なぐさめ、ポットさんはこういいました。

「あれはけっきょく、調子《ちょうし》にのっていたんだなあ。夢《ゆめ》のようなキノコの味《あじ》に目がくらんで、舞《ま》いあがっていたんだ」

トマトさんはこういいました。

「あんなにたくさん採《と》ってためこまなくても、必要《ひつよう》なときに、必要《ひつよう》なぶんだけ採《と》ればよかった。ううん、プニョプニョタケのことだけじゃないのよ。わたし、必要以上《ひつよういじょう》にためこんでいたものを水にぬらして、たくさんのものをだめにして、そう気づいたの。だって、ここは森なのよ。季節《きせつ》ごとにいろんなものを用意《ようい》してくれるこそあどの森よ……。たくさんためこむと安心《あんしん》するように思っていたけれど、それは、森が用《よう》意《い》してくれたものをむだにすることだったのね」

トワイエさんがうなずきながらいいました。

「水が湧《わ》き出《で》たわけは、その、わからない、と。自然《しぜん》というものは、んん、ぼくたちには、はかりしれない秘密《ひみつ》を、いっぱいかくしている、ということですね……。で、その自然《しぜん》がかくしている秘密《ひみつ》は、長い長い時間のなかで、バランスがとれるように、ええ、できあがってきたわけですから、ヒトがきゅうに、なにかひとつのものを採《と》りすぎたり、使《つか》いすぎたりすると、そのバランスをくずしてしまう……。そういうことが、その、今回、わかったわけですね。うん、そうだ。ぼくは、そういうことを織《お》りこんだ物語《ものがたり》を書こうと、そう、思いますよ」

つぎの満月《まんげつ》が近づいたある日、スミレさんからスキッパーとふたごに、うれしいおさそいがありました。夜、湖《みずうみ》の岸《きし》にプニョプニョタケを食べにやってくるサラマンドラを見にいきませんか、というおさそいです。

もちろん、スキッパーもふたごも、おおよろこびでいくことにしました。

「子どもたちだけで、夜の湖《みずうみ》に、かってに見にいくといけないから」とスミレさんはいいましたが、ほんとうはスミレさんも見たかったのです。ギーコさんも「心配《しんぱい》だから」とついていくことになりましたが、ギーコさんだって、見たかったにちがいありません。

満月《まんげつ》の夜、サラマンドラに返《かえ》すために、あちこちの岸辺《きしべ》にプニョプニョタケをおきました。そして、スキッパーとふたごとスミレさんとギーコさんは、待《ま》ちかまえていました。

キラリがおおきなあくびをしたとき、湖《みずうみ》からサラマンドラがあがってきました。あの日のサラマンドラよりすこしちいさいので、べつのサラマンドラでしょう。

サラマンドラはプニョプニョタケにゆっくり近づくと、大きな口をゆるゆるとあけ、自分のからだほどもありそうなプニョプニョタケを、そのまま、のみこみました。胴体《どうたい》に浮《う》きあがったプニョプニョタケのかたちがおなかのほうへ移動《いどう》していきます。そして、まるでそれが押《お》し出《だ》したようにフンをしてから、湖《みずうみ》にもどっていきました。

その夜、スキッパーとふたごは、ガラスびんの家に泊《と》めてもらいました。

ふたごは、プニョプニョタケのことで、ちょっと変《か》わったことがあります。それは、お菓子《かし》をつくるときに、森で手にはいるもので、いままで使《つか》わなかったものを、いろいろためしてみるようになったことです。もちろん、必要《ひつよう》なぶんだけ採《と》ることにしています。いちどおなかをこわしました。でもそのあとは、トマトさんかスミレさんに、食べてもいいものかどうかをたずねるようにしています。

バーバさんは、プニョプニョタケを採《と》りすぎることを、最初《さいしょ》から心配《しんぱい》していました。そういうことがわかるなんて、科学者《かがくしゃ》ってすごい、とスキッパーは感心《かんしん》しました。

その気持《きも》ちをこめて、スキッパーは西の島《しま》にいるバーバさんに、こんどのことを手紙に書きました。

何日かして、返事《へんじ》がきました。

たいへんなことがあったのですね。でも、みんな無事《ぶじ》でよかった。

わたしは、いまの研究《けんきゅう》がおわったら、つぎはこそあどの森のことをしらべてみようと思っています。

水の森になった理由《りゆう》、サラマンドラのくらしぶり、プニョプニョタケの生きかた……。わかっていないことがいっぱいあるって、わくわくしますね。

ひとつのものを採《と》りすぎると、全体《ぜんたい》がだめになる——。
それは、こそあどの森だけのことではないのです。きっと。
　この森でおこったことは、
その森でもおこるでしょうし、
あの森でおこったことは、
　どの森でもおこるのですから。
では、早くこそあどの森に帰れますように。

十一月三日　ワライ島《とう》にて

バーバより

バーバさんは十二月になる前に、こそあどの森に帰ってきました。
スキッパーはサラマンドラのフンのかけらをとっておいたので、バーバさんにしらべてもらいました。顕微鏡《けんびきょう》を使《つか》ってしらべると、フンのなかにプニョプニョタケの胞子《ほうし》が、いくつも見つかりました。

プニョプニョタケは、あんなにじょうぶなゴムのようなからだなのに、どうして胞子《ほうし》をとばせるのか、スキッパーはふしぎに思っていたので、そうだったのか、と感心《かんしん》してしまいました。

サラマンドラはプニョプニョタケを食べていのちをつなぎ、プニョプニョタケはサラマンドラに食べられて、胞子《ほうし》をまくことができているらしいのです。

長い時間のなかで、なにかとなにかがつながって、バランスをとりながら、森や湖《みずうみ》が、いや世界《せかい》が、できているんだなあ、そして、まだまだわかっていないこと、秘密《ひみつ》がいっぱいあるんだ、と思いました。

スキッパーはいま、アサヒにてつだってもらって、カエル語の勉強《べんきょう》をしています。カエル語がなんとかなれば、イモリ語、サンショウウオ語へとすすみたいと思っています。

そしていつか、いろんなことばがわかって、いろんな動物《どうぶつ》と話し合えるようになって、そこでわかったことについて考えたり、みんなに伝《つた》えたりすることができるひとになりたいなと思っているのです。

ウニマルの甲板《かんぱん》に立つと、こそあどの森は、きょうも、いい風がふいています。遠くでふたごの声が聞こえます。もうすぐここにくるでしょう。

（おしまい）

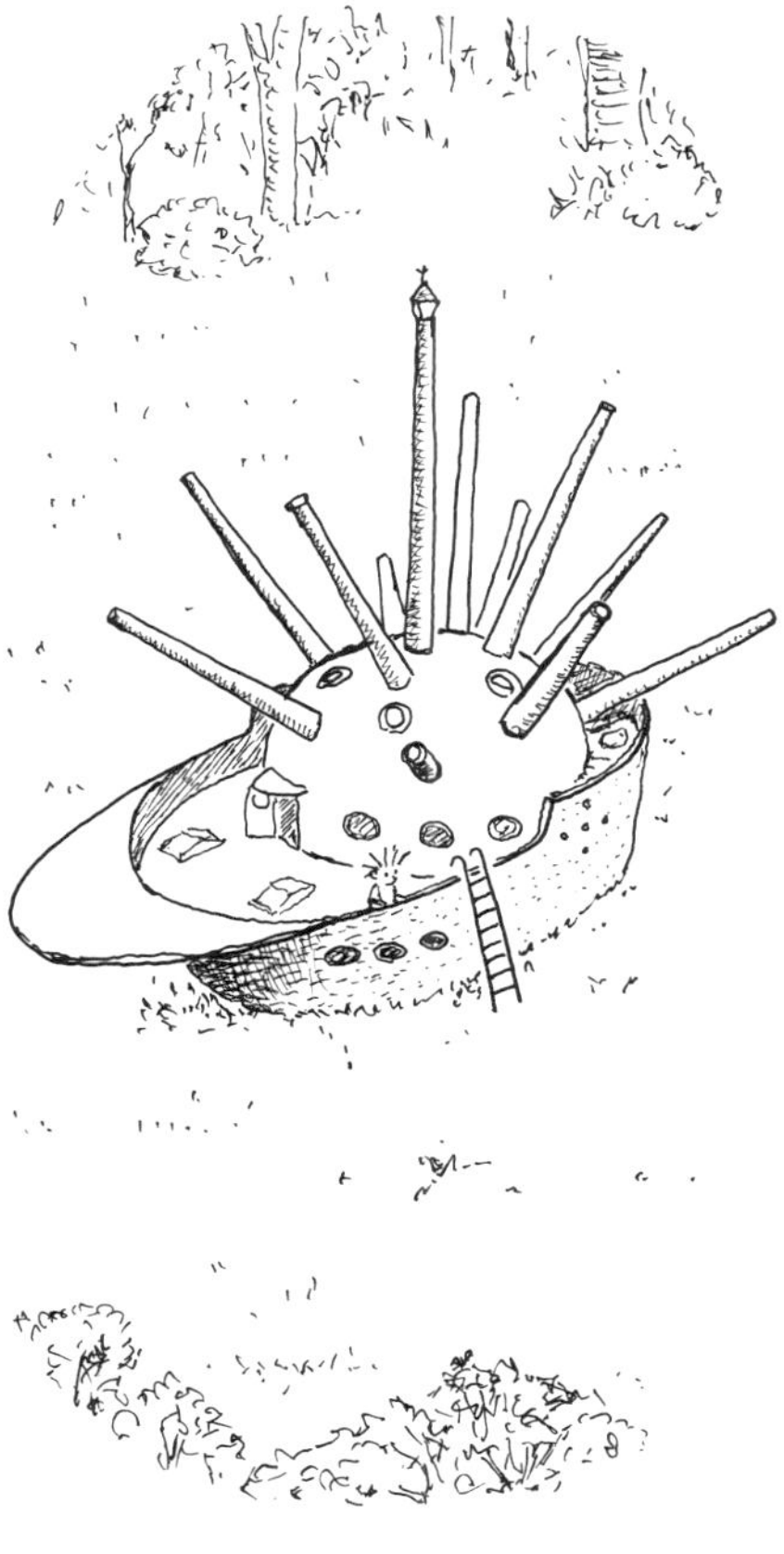

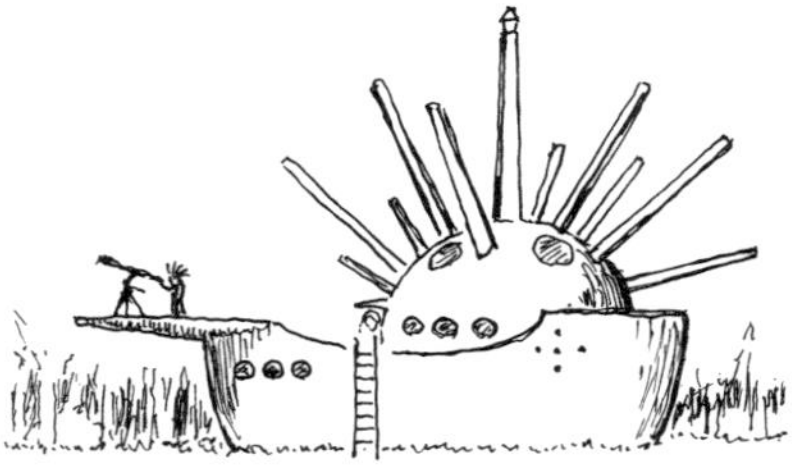

岡田 淳（おかだ・じゅん）
1947年兵庫県に生まれる。神戸大学教育学部美術科を卒業後、38年間小学校の図工教師をつとめる。
1979年『ムンジャクンジュは毛虫じゃない』で作家デビュー。
その後、『放課後の時間割』（1981年日本児童文学者協会新人賞）
『雨やどりはすべり台の下で』（1984年産経児童出版文化賞）
『学校ウサギをつかまえろ』（1987年日本児童文学者協会賞）
『扉のむこうの物語』（1988年赤い鳥文学賞）
『星モグラサンジの伝説』（1991年産経児童出版文化賞推薦）
『こそあどの森の物語』（1～3の3作品で1995年野間児童文芸賞、1998年国際アンデルセン賞オナーリスト選定）
『願いのかなうまがり角』（2013年産経児童出版文化賞フジテレビ賞）
など数多くの受賞作を生みだしている。
他に『ようこそ、おまけの時間に』『二分間の冒険』『びりっかすの神さま』『選ばなかった冒険』『竜退治の騎士になる方法』『きかせたがりやの魔女』『森の石と空飛ぶ船』、絵本『ネコとクラリネットふき』『ヤマダさんの庭』、マンガ集『プロフェッサーPの研究室』『人類やりなおし装置』、エッセイ集『図工準備室の窓から』などがある。

こそあどの森の物語⑫
水の森の秘密

作　者　岡田 淳
発行者　内田克幸
編集人　岸井美恵子
発行所　株式会社 理論社
〒101-0062　東京都千代田区神田駿河台2-5
電話　営業 03-6264-8890　編集 03-6264-8891
URL　https://www.rironsha.com

2017年2月初版
2022年6月第4刷発行

装幀　はたこうしろう
編集　松田素子
本文組　アジュール
印刷・製本　中央精版印刷

ISBN978-4-652-20192-3　NDC913　A5判　22cm　221p
落丁・乱丁本は送料小社負担にてお取り替え致します。

ギーコさんとスミレさんの
ガラスびんの家《いえ》
ギーコさんの作業小屋《さぎょうごや》
湖《みずうみ》に流《なが》れこむ
北《きた》の川《かわ》
こそあどの森
サクラのある窪地《くぼち》
トワイエさんの
木《き》の上《うえ》の屋根裏部屋《やねうらべや》
アサヒの泉《いずみ》
ウサギ広場《ひろば》
腰掛石《こしかけいし》の川辺《かわべ》
ポットさんが
魔女《まじょ》にあったところ
ポットさんとトマトさんの
湯《ゆ》わかしの家《いえ》
郵便配達《ゆうびんはいたつ》の
ドーモさんが
やってくる道《みち》
トワイエさんが キツネと
語《かた》りあったところ